辅助性胶凝材料在水泥中的反应机理研究

冯春花　著

北　京
冶　金　工　业　出　版　社
2020

内 容 提 要

我国是世界上最大的水泥生产国，也是水泥消费最主要的市场。充分发挥水泥熟料和辅助性胶凝材料的胶凝性能和协同效应、降低水泥熟料的用量、最大限度地利用工业废弃物，是水泥工业节约资源和能源的重要途径。本书主要对典型的辅助性胶凝材料粉煤灰、矿渣、钢渣等单掺和复掺时水泥浆体中辅助性胶凝材料的反应程度进行研究，探讨辅助性胶凝材料的掺量以及粒径分布与辅助胶凝材料反应程度的关系，为工业废渣在水泥中的应用提供一定的理论基础与实验支持。

本书主要适用于无机非金属材料工程专业及相关专业的师生阅读，也可供从事水泥生产、研究的科技工作者和管理人员参考。

图书在版编目(CIP)数据

辅助性胶凝材料在水泥中的反应机理研究/冯春花著. — 北京：冶金工业出版社，2018.6（2020.1 重印）
ISBN 978-7-5024-7776-9

Ⅰ.①辅… Ⅱ.①冯… Ⅲ.①胶凝材料—应用—水泥—反应机理—研究 Ⅳ.①TQ172.1

中国版本图书馆 CIP 数据核字（2018）第 109523 号

出 版 人 陈玉千
地　　址 北京市东城区嵩祝院北巷 39 号 邮编 100009 电话 (010)64027926
网　　址 www.cnmip.com.cn 电子信箱 yjcbs@cnmip.com.cn
责任编辑 郭冬艳 美术编辑 彭子赫 版式设计 孙跃红
责任校对 李　娜 责任印制 李玉山
ISBN 978-7-5024-7776-9
冶金工业出版社出版发行；各地新华书店经销；北京中恒海德彩色印刷有限公司印刷
2018 年 6 月第 1 版，2020 年 1 月第 2 次印刷
169mm×239mm；10.25 印张；199 千字；154 页
44.00 元

冶金工业出版社　投稿电话　(010)64027932　投稿信箱　tougao@cnmip.com.cn
冶金工业出版社营销中心　电话　(010)64044283　传真　(010)64027893
冶金工业出版社天猫旗舰店　yjgycbs.tmall.com
（本书如有印装质量问题，本社营销中心负责退换）

前　言

本书主要对典型的辅助性胶凝材料粉煤灰、矿渣、钢渣等单掺和复掺时，水泥浆体中辅助性胶凝材料的反应程度进行研究，为工业废渣在水泥中的应用提供一定的理论基础与实验支持。

本书共 8 章，分别为绪论、原材料与试验方法、辅助性胶凝材料在水泥基材料中的反应程度、水泥浆体中结合水含量与反应程度的关系、$Ca(OH)_2$ 含量与辅助性胶凝材料反应程度的关系、辅助性胶凝材料的活性及其水化行为、反应程度与水泥物理性能的关系及其作用机理、结论与最新测试方法等。第 1 章绪论部分综述了国内外辅助性胶凝材料的研究进展和发展现状，研究的背景、意义等，是本书整体结构的铺垫。第 2 章原材料及试验方法部分主要介绍了采用的原材料及主要试验方法。第 3 章辅助性胶凝材料在水泥基材料中的反应程度部分，通过测定不同条件下水泥水化浆体中辅助性胶凝材料的反应程度，研究辅助性胶凝材料反应程度的影响因素及其机理。第 4 章通过测定不同条件下水泥水化浆体中结合水的含量，研究影响其含量的主要因素，并研究结合水与辅助性胶凝材料反应程度的关系。第 5 章主要研究了二元体系、三元体系以及四元体系中氢氧化钙含量与辅助性胶凝材料反应程度的关系以及影响水泥石中氢氧化钙含量的因素。第 6 章对辅助性胶凝材料的活性进行了激发，研究激发后的辅助性胶凝材料在水泥体系中的水化行为。第 7 章通过测定不同掺量的矿渣、钢渣、粉煤灰单掺或复掺时的力学性能，结合其在水泥浆体中的氢氧化钙、结合水含量及反应程度，研究这些因素与水泥物理性能之间的内在联系。以上各章内容相互关联，是本书整体结构的主题和核心。第 8 章对研究内容的结论进行了总结并对研究水泥反应机理的最新测试手段进行了介绍。

在本书即将出版之际，感谢李东旭教授、朱建平教授等老师和好友的帮助及指导，感谢冶金工业出版社以及责任编辑的辛苦付出，并对所引用文献和资料的作者致以诚挚的谢意。

由于水平和时间有限，书中疏漏和不足之处，敬请广大读者批评指正。

编　者
2017 年 12 月

目　　录

1 绪 论

1.1 研究背景及意义

随着世界经济的恢复，全球水泥工业也逐渐复苏。我国是世界上最大的水泥生产国，也是水泥消费最主要的市场。尽管面临世界性的经济危机，近几年我国的水泥产量仍然保持了较高的增速，据国家统计局资料显示[1]：2016 年全国规模以上水泥企业水泥总产量为 24.1 亿吨，增速虽然较 2012 年的 10% 相比有所下降，但仍呈上升趋势，相比 2015 年，水泥产量增速达 2.3%。随着我国经济的发展，对基础设施建设投入力度逐渐增加，未来一段时间，对水泥的需求量仍将有较大幅度的增长。水泥制造过程中不仅消耗大量的矿产资源如石灰石矿、黏土矿等，而且排放出的大量 CO_2，将导致地球温室效应加剧。因此，研究如何将数量扩张型的水泥工业发展模式转变为减少水泥中熟料用量从而增加水泥产量的发展模式将具有一定的现实意义；另一方面，建筑行业也对水泥的性能提出了更高的要求——水化热低、施工性能以及耐久性更好。因此，降低水泥中熟料的消耗、提高水泥的性能是水泥工业发展的方向，以较少量的高性能水泥达到较大量低质水泥的使用效果，是水泥科学与技术研究的主要目标[2]。

我国排放的各类工业固态废渣也呈逐年增加的趋势，最近一次对我国固体废物的排放量进行统计的资料显示[3]：2014 年，全国工业固体废物产生量为325620.0 万吨，综合利用量（含利用往年储存量）为 204330.2 万吨，综合利用率为 62.13%，近两年的中国环境状况公报未对工业固体废物进行统计，但可以预见，每年的利用率几乎持平，排放量也逐年增加，这其中，除了部分具有较高活性的废渣以外，其他废渣的利用率均较低。大量工业固体废渣的排放，不仅占用了大量的土地资源，而且废渣中的有害离子会随雨水渗入地下，污染土地、地表水以及地下水资源，严重威胁着千百万人的身体健康，对环境造成极大的危害和安全隐患，同时也为生产企业增加了负担，阻碍了相关企业的发展。同时，这些工业废渣的丢弃也造成了资源的浪费。因此，针对能源、资源、环境保护三方面的迫切需要，充分利用工业废渣是当前迫切需要解决的问题，我们必须从可持续发展的战略目标来探讨充分利用工业废渣的深远意义。

固体废物根据产生源可分为工业固废、农业固体废物和城市固体废物。这些固体废物种类众多、成分复杂、形态多变，并隐含着毒性、腐蚀性、易爆性、易燃性和放射性等危险，是水、大气和土壤的重要污染源，也是人们生活和健康的主要威胁。另一方面，大多数固体废物具有一定的资源化利用价值。在目前经济快速增长、自然资源和能源短缺并伴随生态环境不断恶化的形势下，运用循环经济的理念，采用科学合理的技术途径，实现固体废物安全有效地资源化利用具有重要现实意义。这完全符合《国家中长期科学和技术发展规划纲要》中将"开发非常规污染物控制技术，废弃物等资源化利用技术"作为优先主题的部署。

水泥工业是消纳工业废渣的重要途径之一。由工业固体废弃物制备的辅助性胶凝材料已经成为现代水泥混凝土行业重要的组成部分之一。工业废渣在水泥中的应用在国内外均有丰富的科研成果和使用经验。随着社会的发展，固体废渣的排放量越来越多，这就为水泥工业提出了一个新要求：在降低自身对环境影响的同时，能够大量消纳其他工业废弃物，成为一种清洁环境的绿色产业。辅助性胶凝材料是高性能水泥重要的组成部分，主要来源于冶金、电力、煤炭等行业在生产过程中排放的固体废弃物和一些火山灰质材料，除了可从这些工业副产品中获得效益外，使用辅助性材料还降低了水泥熟料的消耗，相应地减少了原材料的消耗并降低了生产水泥熟料时 CO_2 的排放量。

充分发挥熟料和辅助性胶凝材料的胶凝性能和协同效应，降低水泥熟料的用量，最大限度地利用工业废弃物，是水泥工业节约资源和能源的重要途径。水泥熟料与辅助性胶凝材料的物理化学性质差异显著，如何实现复合水泥体系中水泥熟料的高效水化、研究复合水泥体系中各组分的粒度分布、颗粒堆积和表面特性等物理效应与化学效应的协调发展，是该领域研究最新发展趋势。这不仅改变了以往仅仅注重研究化学效应的研究思路，而且有助于科学和充分地利用辅助性胶凝材料，降低水泥制备能耗。

本书主要对典型的辅助性胶凝材料粉煤灰、矿渣、钢渣等单掺和复掺时，水泥浆体中辅助性胶凝材料的反应程度进行研究，探讨辅助性胶凝材料的掺量以及粒径分布与辅助胶凝材料反应程度的关系，并对活化后的钢渣、粉煤灰的反应程度也进行了研究；同时，建立了辅助性胶凝材料与水泥熟料的物理点接触模型。

本书内容将会使水泥水化理论进一步得到丰富，最终使水泥工业中工业废渣的用量得到提高，降低能耗，减少环境污染。

1.2 国内外研究现状

1.2.1 辅助性胶凝材料的种类及其特性

可以用做水泥混凝土中的辅助性胶凝材料的固体废弃物种类较多，主要有矿渣、粉煤灰、钢渣、镁渣、页岩以及一些其他工业固体废弃物。目前水泥行业最常用的辅助性胶凝材料有矿渣、粉煤灰等，由于种种原因，其他辅助性胶凝材料一直未得到大范围的普及与应用。本书仅对普及应用广泛的粉煤灰、钢渣、矿渣等进行综述研究。

1.2.1.1　粉煤灰

粉煤灰是从煤燃烧后的烟气中收捕下来的细灰，是燃煤电厂排出的主要固体废物，属于火山灰质活性辅助性胶凝材料，一般呈现灰褐色或灰黑色，通常为几百到几微米的球状颗粒[4]，比表面积在 $250 \sim 700m^2/kg$ ，其主要成分是硅、铝和铁的氧化物，具有潜在的化学活性。粉煤灰的主要矿物组成[5,6]为莫来石、石英、赤铁矿、磁铁矿、铝酸三钙、黄长石、方镁石、石灰等，其中莫来石占总量的 6%~15%。根据 CaO 含量不同，粉煤灰可以分为高钙粉煤灰和低钙粉煤灰，一般 CaO 含量高于 10%，就属于高钙粉煤灰。高钙粉煤灰具有需水量低、活性高和可自硬等特点，但抗硫酸盐侵蚀和抑制碱骨料反应的效果不如低钙粉煤灰，因此在使用的过程中应当注意其体积稳定性良好与否。根据其细度以及烧失量等不同又可分为Ⅰ级粉煤灰、Ⅱ级粉煤灰和Ⅲ级粉煤灰，粉煤灰的烧失量主要来自于煤燃烧过程中因燃烧条件不充分而随灰尘一起排出的未燃烧或燃烧不充分的碳颗粒。

粉煤灰根据其等级不同，活性也有很大的区别，一般Ⅰ级粉煤灰、Ⅱ级粉煤灰活性较高，有时不需要粉磨即可直接作为辅助性胶凝材料使用，即使和水泥熟料一起粉磨，往往在磨机中也能起到助磨的作用，提高水泥磨的台时产量，而Ⅲ级粉煤灰活性较低，需要对其处理后方可利用。粉煤灰的活性一般分为物理活性和化学活性。物理活性主要是指粉煤灰形态效应、微集料效应等的总和，其活性本身与粉煤灰自身的化学性质无关，一般物理活性是粉煤灰早期活性的主要来源[7]；粉煤灰的形态效应，主要表现为粉煤灰的颗粒形貌、粒度分布等特性所引起的可改善水泥基材料性能的填充作用、润滑作用等；粉煤灰的化学活性则主要指的是其自身的火山灰活性以及在水泥水化过程中对水化进程所起的促进作用，主要取决于其内部玻璃体的化学活性[8]。粉煤灰具有活性的原因，多年来研究者对此一直存在争论，目前主流的观点是玻璃体理论，认为粉煤灰中存在的玻璃体是粉煤灰活性的主要来源，根据此论据，则粉煤灰中玻璃体越多，粉煤灰活性越高，硬化浆体的强度也越高；Barta 等[9]认为除此之外，粉煤灰的活性还受到玻璃体类型的影响，粉煤灰中有伊利石和石英两种类型玻璃体，由于伊利石一般颗粒较小，因此伊利石型玻璃体具有更高的活性，尽管 Barta 的研究较为深入，也为后来者提供了一定的研究方法，但是截至目前，国内外对粉煤灰玻璃体结构的研究结果仍然比较少。

我国粉煤灰综合利用始于建材领域，至今已有 50 多年的历史，积累了一系列生产、利用和管理方面的经验。就全国而言，生产建筑材料利用粉煤灰的量最大，约占利用总量的 35%，而且利用途径和方式也最多。

粉煤灰在建筑材料方面主要应用于以下几个方面：

（1）生产粉煤灰水；

（2）代替黏土做水泥原料制备熟料（铝质校正原料）；

（3）作为混合材制备普通水泥、硅酸盐水泥、硫酸铝酸钙水泥以及低体积质量油田水泥、早强水泥等，有的粉煤灰掺量达 75%；

（4）制备硅酸盐承重砌块和小型空心砌块、加气混凝土砌块及板、烧结陶粒等。

1.2.1.2　钢渣

钢渣是钢铁企业在炼钢过程中排出的废渣，其产量约为粗钢产量的 15% ~ 20%。全球每年大约产 5000 万吨钢渣，但由于种种原因，其利用率一直较低。由于钢渣化学成分及其冷却方式的不同，造成钢渣外观形态、颜色差异很大。碱度较低的钢渣呈黑灰色，碱度较高的钢渣呈褐灰色或灰白色。自然冷却的渣块堆放一段时间后，发生膨胀风化，变成土块状和粉状。钢渣产生过程中，温度一度达到 1600℃ 以上，因此钢渣的主要矿物组成与水泥相似，含有大量的硅酸二钙（C_2S）、硅酸三钙（C_3S），同时，含有部分 RO 相，金属铁的含量也较高[10]。

钢渣中含有与硅酸盐水泥熟料相似的硅酸二钙（C_2S）和硅酸三钙（C_3S），高碱度转炉钢渣中两者含量在 50% 以上，中、低碱度的钢渣中主要为硅酸二钙（C_2S）。钢渣的生成温度在 1560℃ 以上，而硅酸盐水泥熟料的烧成温度在 1400℃ 左右。钢渣的生成温度高，结晶致密，晶粒较大，水化速度缓慢。因此，钢渣也被称为"过烧"硅酸盐水泥熟料。以钢渣为主要成分，加入一定量的其他掺合料和适量石膏，经磨细而制成的水硬性胶凝材料，称为钢渣水泥，主要分为钢渣矿渣水泥、少熟料钢渣矿渣水泥、无熟料钢渣矿渣水泥等。

钢渣比表面积越大，其活性越高，越容易发生水化反应。掺加适量（≤ 30%）的钢渣可以提高硬化浆体结构的致密度，改善硬化浆体的微观结构和水化产物的组成，减少大孔隙和结晶粗大的氢氧化钙的数量及其在界面过渡区的富集与定向排列，从而优化界面结构，提高硬化浆体的强度。我国的钢渣中，70% 是化学组成与硅酸盐熟料相似的转炉钢渣，具有潜在的胶凝性能。钢渣的矿物组成决定了钢渣具有一定的胶凝性，主要源于其中一些活性胶凝矿物的水化，如 C_2S、C_3S 等等，从理论上分析，钢渣在水泥混凝土中的应用潜力很大，国内也有很多人对其利用进行了研究。尽管如此，由于钢渣成分波动较大，金属铁含量过高，且其游离氧化钙含量也较高，易造成水泥安定性不良等问题[11]，因此，国内钢渣在水泥中的利用率一直较低。

近几年来，我国钢渣堆置量大约 3 亿多吨，每年还要新增数千万吨。我国钢渣的利用率较低，影响了国家发展循环经济和实现工业渣的零排放战略的实行，"十五"期间我国工业渣的综合利用率没有达到国家要求的目标，引起了国家领导的高度重视。为此，充分利用钢渣，是实施循环经济、降低成本、节约资源、实现国家宏观资源调配以及经济可持续发展的有效途径。经过老一辈科学工作者的不懈努力，已经证明钢渣可以实现资源化和高价值化的综合利用。

钢渣的利用途径主要有：用于配烧结矿返回冶金炉炼铁；作水泥生料的原料；用作水泥混合材，生产钢渣矿渣水泥；作道路材料和工程回填材料；作砖、砌块等建材制品等。

在德国、法国，钢渣已经被看作一种有用的自然资源，在市政工程、路基材料等方面得到了广泛的使用，并且建立了规范的衡量标准和检测手段。充分合理地利用钢渣，对于节能减排、环保和可持续发展有着重要意义。日本等国家也已经成功实现了钢渣的循环利用。而我国众多的钢铁厂处理废渣的形式还是趋于简单化，河南济源钢铁（集团）有限公司以及湘潭钢铁集团有限公司等企业通过简单的设备，仅能回收 16.5% 左右的废渣，剩余的废渣都以排弃废物的形式处理掉，环保问题也随之变得相当严峻。此外，对于企业来说，国家规定掺合料中钢渣利用率在 30% 以上时，该产品可以享受国家减免税收的优惠政策。

但是，从目前钢渣的综合利用情况来看，钢渣的利用率和利用效率都远不如粉煤灰和矿渣，其原因大致可以归纳为以下三点：

（1）钢渣的易磨性很差。根据国标《沥青路面施工与验收规范》（GBJ92286）有关指标，钢渣可以归类为最坚硬的岩石之列。钢渣结构致密，且含铁量高，含有 5%~10% 的残钢，磁选不净，尾渣中含有金属影响其利用，较耐磨，粉磨电耗高。经过几十年的研究和生产实践，上述问题在技术上可以解决，但由于某些原因，一些钢铁企业没有采用先进技术和装备将废钢全部回收，没有进行钢渣的稳定起球性处理，从而影响了钢渣的综合利用。

（2）钢渣的早期活性很低。钢渣中含有具有水硬胶凝性的矿物 C_3S 和 C_2S，尽管从水泥矿物学的角度看，C_3S 能对早期强度起主要作用，但是由于钢渣经高温熔融形成"死烧"，C_3S 的水化活性要在相当长的时间内才能发挥出来。再加上 C_2S 只能对后期强度做出贡献，所以在无适合激发剂的情况下，钢渣的早期水化活性很低。

（3）钢渣的安定性不良。由于钢渣中的 f-CaO 和 MgO 含量较高，f-CaO 水化生成 $Ca(OH)_2$，体积增长 100%~300%；MgO 水化生成 $Mg(OH)_2$，体积增长 77%。所以若不消除 f-CaO 和 MgO 带来的安定性问题，钢渣制品，特别是在使用的中后期，很容易出现膨胀开裂的现象。目前快速解决钢渣安定性问题的方法一般是粉磨，只有当钢渣被粉磨到一定细度时，其中的 f-CaO 和 MgO 才能被活化，在钢渣制品硬化之前提前水化。但是由于钢渣的易磨性很差，细磨钢渣需要较高的电耗，磨机的磨损率也将增大，所以仅用机械方法将钢渣粉磨至较大细度以提高其活性在经济上不一定可行。

1.2.1.3　矿渣

矿渣是炼铁过程中，由矿石中的脉石，燃料中的灰分和助熔剂（石灰石）等炉料中的非挥发组分形成的废物。一般水泥行业中提到的矿渣主要是高炉冶炼生铁时，由高炉中排出的废渣，是由铁矿石中的石英、黏土矿物、碳酸盐、磷灰石等物质和石灰石溶剂化合而成，并在 1400~1500℃ 的高温下成熔融状态排出，自高炉中流出后经水淬冷却得到的废渣，故又称粒化高炉矿渣。

矿渣的主要矿物为钙铝黄长石、镁黄长石、钙长石、硫化钙、硅酸二钙等。矿渣的化学成分主要为 CaO、SiO_2、Al_2O_3、MgO 等，此外还有少量的 FeO 和一些硫化钙、硫化亚锰、硫化亚铁等硫化物，与硅酸盐熟料相比[12]，矿渣的 CaO 含量较低，SiO_2 和 Al_2O_3 含量较高。矿渣的主要矿物组成为黄长石、钙铝黄长石、镁方柱石、镁蔷薇辉石、透辉石以及微量的钙镁橄榄石。一般组成的完全结晶的矿渣没有或者仅有很弱的潜在水硬性，矿渣熔融体通过水淬或者空气急冷，则得到尺寸为 0.5~5mm 的粒化高炉矿渣，该粒化渣中的矿物主要以玻璃质的形式存在，玻璃质是矿渣活性的主要来源，而玻璃质的含量与矿渣的化学成分及冷却速度具有很大关系。我国炼铁厂排出的粒化高炉，其玻璃质含量一般都在 85% 以上，具有较好的潜在水硬活性[13]。

矿渣在建筑材料方面主要应用于以下几个方面：

（1）作为水泥混合材：矿渣是一种具有良好的潜在活性的材料，它已成为水泥工业活性混合材的重要来源，使用矿渣可以扩大水泥品种、改善水泥性能。

（2）制备钢渣水泥：利用水玻璃等碱性物质激发钢渣的潜在活性，制备出性能良好的碱激发胶凝材料。

（3）在水泥混凝土中的应用：在混凝土中掺入一定量的微粉，可以大大改善混凝土的性能，提高混凝土的强度和耐久性、致密度，降低混凝土的水化热。矿渣微粉作为混凝土的高掺合料，在建筑工程中已经得到推广应用。

（4）湿碾矿渣混凝土砌块：湿碾矿渣混凝土砌块，是以高炉水渣为主要原材料，加少量激发剂（生石灰或水泥等），经搅拌、湿碾而成的砂浆，再与骨料（重矿渣或天然碎石）拌合成混凝土，然后再经浇注入模、振动成型、蒸汽养护等工序而制成的一种制品。

（5）其他：钢渣在铁路、公路、工程回填、修筑堤坝、填海造地等工程中应用，国内外均有相当广泛的实践。

1.2.1.4　其他辅助性胶凝材料

其他辅助性胶凝材料一般包括硅灰、镁渣、页岩以及一些其他的工业固体废渣，但目前这些辅助性胶凝材料的应用在我国并未普及。

A 硅灰

硅灰是冶炼金属硅或硅铁合金时排出的固体废渣。硅灰的主要成分是非晶态的无定形 SiO_2，含量在 80% 以上，具有很高的化学活性。硅灰颗粒粒径较小，平均粒径约为 $0.1 \sim 0.2 \mu m$，比表面积为 $20000 \sim 25000 m^2/kg$，作为水泥和混凝土的矿物掺合料时，其最大的优势是微填充作用和很高的活性。由于硅灰很细，能够充分填充在水泥凝胶体的毛细孔中，使水泥的微观结构更加密实；同时由于硅灰颗粒微细，能充分发挥其化学活性，与水泥水化产物中的氢氧化钙反应，可生成水化硅酸钙凝胶体，提高水泥的强度。但是也正是由于硅灰的比表面积过大，掺量过多时将使水泥浆体变得十分粘稠，另一方面硅灰的价格较为昂贵，因此在水泥中很少使用。

B 镁渣

镁渣是生产金属镁时排出的工业废渣。镁渣的主要成分为氧化钙和二氧化硅，CaO/SiO_2（质量比）一般在 $1.5 \sim 2.5$ 之间；其氧化镁残余量也较高，通常在 7% 以上，部分镁厂排出的镁渣氧化镁含量高达 25% 以上；镁渣的主要矿物组成有 $\gamma\text{-}C_2S$、$\beta\text{-}C_2S$、MgO、CF、C_2F、FeO、CaF_2 等。对于残余氧化镁含量较低的镁渣，可以用作制备熟料的原材料[14,15]和活性混合材[16,17]或制备建筑砖等其他建筑材料。2009 年我国已制定了镁渣作为混合材的相关标准，镁渣作为混合材生产的水泥，其性能得到改善，早期强度提高，但凝结时间较长。尽管有研究[18]表明镁渣是一种活性水泥混合材料，其活性高于矿渣，且其易磨性要比矿渣和熟料好，但由于镁渣中 MgO 含量波动大，应用受到一定的限制，国内目前还处于初步研究阶段。

C 脱硫灰

脱硫灰是钢铁、冶金、建材等行业采用干法-半干法脱硫工艺过程中产生的一种高钙高硫工业飞灰。建材行业是国家重要的基础产业，又是高能耗、高排放、增加环境负荷源头的行业。建材行业二氧化硫（SO_2）排放量日趋增加，控制烧结机生产过程 SO_2 的排放，是建材企业 SO_2 污染控制的重点。干法脱硫产物以硫酸钙为主，称之为脱硫石膏，其性质与石膏类似，已经得到了广泛的利用；干法-半干法烟气脱硫工艺的产物称之为脱硫灰，以亚硫酸钙和硫酸钙为主。目前部分建材企业采取干法-半干法进行烟气脱硫，产生了大量的脱硫灰，不仅占用了大量的土地，且对环境也造成了污染，因此对脱硫灰的综合利用研究成为当前急需解决的问题，也是制约烟气脱硫技术在燃煤电厂应用的一个技术瓶颈。由于脱硫灰自身的特性，目前尚未能得到有效的利用。脱硫灰呈粉末状，密度为 $2.6 \sim 2.7 g/cm^3$，堆积密度为 $0.8 \sim 1.0 g/cm^3$，脱硫灰中的含硫物相既有 $CaSO_4$，也有 $CaSO_3$，以 $CaSO_3$ 为主；另外还有一部分未完全反应的游离 CaO，未完全反

应的钙元素一般以 $Ca(OH)_2$ 的形式存在。且因烟气中大量 CO_2 的存在，使其在脱硫的同时 $CaCO_3$ 的产生往往也不可避免。脱硫灰的性质主要取决于烟煤煤种、锅炉运行等因素的影响。脱硫工艺产生的脱硫灰，是脱硫产物和粉煤灰的混合物，由除尘器一起排出，其成分和物理、化学性质与普通粉煤灰以及脱硫石膏等已有很大差别，因此其利用方式和范围受到了严格限制。

　　D　页岩

　　页岩（Shale）是由黏土物质硬化形成的微小颗粒，易裂碎，很容易分裂成为明显的岩层，类属于黏土岩的一种，以 SiO_2 和 Al_2O_3 为主要成分，质地松软、易碎，摸起来几乎没有颗粒感，成分复杂，除黏土矿物（如高岭石、蒙脱石、水云母、拜来石等）外，还含有许多碎屑矿物（如石英、长石、云母等）和自生矿物（如铁、铝、锰的氧化物与氢氧化物等），具页状或薄片状层理，用硬物击打易裂成碎片。未煅烧页岩结构的晶型稳定，没有火山灰活性，在一定温度条件下煅烧后，页岩中的黏土矿物分解形成具有活性的无定形物质，在较高的温度下产生大量的晶体缺陷，从而激发产生活性。页岩的形成原因一般认为是由黏土物质经压实作用、脱水作用、重结晶作用后形成，抵抗风化的能力弱，在地形上往往因侵蚀形成低山、谷地，且不透水，在地下水分布中往往成为隔水层。

　　页岩较为常见的类型有以下几种：

　　（1）黑色页岩：含较多的有机质与细分散状的硫化铁，有机质含量达 3%～10%，外观与碳质页岩相似，其区别在于黑色页岩不染手。

　　（2）碳质页岩：含有大量已碳化的有机质，常见于煤系地层的顶底板。

　　（3）油页岩：含一定数量干酪根（>10%），黑棕色，浅黄褐色等，层理发育，燃烧有沥青味。

　　（4）硅质页岩：含有较多的玉髓、蛋白石等，SiO_2 含量在 85% 以上。

　　（5）铁质页岩：含少量铁的氧化物、氢氧化物等，多呈红色或灰绿色，在红层和煤系地层中较常见。

　　（6）钙质页岩：含 $CaCO_3$，但不超过 25%，此外，还有混入一定砂质成分者，称为砂质页岩。

　　就目前利用情况看，其主导利用领域是建材工业。主要在以下几个方面：

　　（1）制取页岩轻质空心砖：即以页岩为主，加上粉煤灰及锯木粉烧结而成。用其生产的砌块具有轻质、保温、隔音、抗冻、耐腐蚀等优点，尤适于砌筑框架结构式建筑物的隔墙、填充墙，是一种替代炉渣空心砖的理想建材。

　　（2）制作高强烧结砖：由页岩加黏土烧结而成。它在吸水率、抗冻融、抗风化、耐久性、抗压强度等内在质量上超过混凝土制品。由此种砖和砂浆、灌孔稀浆及钢筋配套而成的高强砌体结构，是一种与钢筋混凝土结构体系具有相同应用范围的结构体系。

（3）用页岩替代黏土用于水泥生料的配料中：页岩替代黏土不仅可以达到所要求指标，而且还可降低配制生料中铁粉用量。

（4）用于水泥混合材：由于页岩自身的特性，用于混合材时一般都先激发其活性，也可部分直接用作混合材。

（5）非建材用途：利用轻质页岩加工成抗燃添加材料、以页岩制成絮凝剂以及用页岩制作助滤剂等。

E 铝渣

铝渣（赤泥和铝尾矿）是氧化铝生产过程中产生的固体废弃物，累积堆存量超过了4亿吨，铝渣的矿物成分复杂，含有较多的微量元素，其矿物组分中含有大量的文石和方解石，使其具有一定的胶结性能，少量的三水铝石、针铁矿、水玻璃、蛋白石既具有一定的胶结性还能起到一定的填充作用，因而其利用途径较多，但目前其利用率仅为4%，铝渣的堆存不仅会占用大量的空间，还会对环境造成不利的影响，目前国内外尚无有效的工业化处理方法。

近年来，国内外对铝渣应用的研究较多。目前，铝渣的利用主要分为三个方面：

一是提取其中的钪、钛、钒等有价金属。从铝渣中提取有价金属虽在一定程度上实现了固废的再利用，但成本较高，且利用率较低，并不能有效地改善铝渣的大量堆存问题。

二是铝渣对重金属离子以及类金属离子有很好的吸附作用，因而其在环保领域也有一定的应用，但将其作为环境材料来使用时，需加入活化剂，活化剂可能会导致重金属的反溶，反而使铝渣对重金属离子的吸附效果变差，影响其应用效果。

三是在建筑材料方面的应用，但其在建筑材料中的应用多为烧结法产生的赤泥，而拜耳法赤泥由于其中含有的C_2S等活性成分较少，很难直接应用。

除了上述几种工业废渣可作为辅助性胶凝材料外，其他工业废渣如铅锌尾矿、黄金尾矿以及生活建筑垃圾等也可作为水泥的辅助性胶凝材料，但其应用由于各种原因，一直受到限制。

1.2.2 辅助胶凝材料在水泥中的应用发展进程

利用工业废渣来生产胶凝材料，国内外已作了大量的研究。不少国家已制订了在水泥混凝土中掺加各种矿物掺合料的规范。在这方面，我国起步较晚，且各地区发展很不平衡。目前国内外主要使用磨细矿渣粉和高等级粉煤灰作为水泥混凝土辅助性胶凝材料或矿物掺合料。

关于粉煤灰、矿渣在水泥行业中的应用，国内外均进行了大量的研究。

　　早期的研究均将粉煤灰应用于混凝土实际工程中。国外对粉煤灰的研究应用较早，可追溯到 20 世纪 30 年代，比较有代表性的应用工程有美国 1938 年完工的玻尼维尔坝，在此工程中，粉煤灰作为一种矿物掺合料被少量掺加；至 40 年代中期，粉煤灰在工程中的应用研究越来越受到水泥工作者的关注，1948 年，美国的 R. E. Davis[19] 在蒙大拿州的饿马坝工程中，成功地实现了粉煤灰的大量应用。此后，粉煤灰作为一种矿物掺合料和辅助性胶凝材料，在世界范围内普及开来，例如法国从 1955 年就开始用粉煤灰作水泥混合材，日本也从 1953 开始将粉煤灰应用到水泥工业中。到 20 世纪 80 年代，美国佛罗里达州建成一座跨海高架桥，在该桥的建设过程中，考虑到周围的侵蚀性环境，在混凝土里掺用了大量粉煤灰，工程质量有很大改善。美国因此在随后修订规范时，对原来粉煤灰的使用规定进行了修订[20]：在中度及中度以上等级的侵蚀性环境中的桥梁上部结构（包括预应力构件的混凝土），必须掺用粉煤灰。随着社会经济的发展和水泥工业技术的改进，粉煤灰作为混凝土掺合料和辅助性胶凝材料的应用已引起世界各国的关注，部分发达国家甚至成立了专门的研究机构，如美国的全美利用粉煤灰协会、英国的国家废渣综合利用协会以及加拿大等国的研究机构等。到目前为止，全球几乎所有生产水泥的国家均将粉煤灰作为辅助性胶凝材料掺加到水泥中，一般水泥中粉煤灰的掺加量可达到 20% 以上甚至更多。

　　国内对粉煤灰的开发利用比西方国家稍晚，但也可追溯到 20 世纪 50 年代，对粉煤灰的研究主要集中在水泥和混凝土应用开发上，其研究成果也在实际工程中得到应用。自 20 世纪 50 年代以来，我国先后在东北地区冶金基地建设、黄河三门峡水利枢纽工程、刘家峡大坝水利工程以及其他工程中使用粉煤灰作为混凝土掺料。截止到目前，国内外已有大量的关于粉煤灰作为辅助性胶凝材料的研究，也取得了大量的研究成果，部分研究不仅成功地将粉煤灰作为辅助性胶凝材料在水泥中的掺量提高到 50% 以上，同时也采用相应的活化技术，将低等级的粉煤灰应用于水泥中，取得了较好的经济效益和社会效益。

　　粉煤灰在水泥中的水化包含了两个相互关联的过程：水泥熟料的水化和粉煤灰的火山灰反应。在水泥熟料的水化过程中，$Ca(OH)_2$ 作为水化产物逐渐被释放出来，并开始溶解粉煤灰中的活性 Al、Si，$Ca(OH)_2$ 在粉煤灰水泥中因此也逐渐被慢慢消耗，这样的过程就是粉煤灰的火山灰反应。同时，粉煤灰的火山灰反应又进一步促进了水泥的水化进程。这是因为熟料矿物的水化速率会受到粉煤灰中碱金属离子的影响而增大。粉煤灰中的主要成分是铝硅酸的玻璃相，当它与 Ca^{2+} 离子反应时就会形成 C-S-H 凝胶相和钙矾石 AFt。而这些释放到溶液里的 Ca^{2+} 离子就是来源于硅酸盐水泥熟料矿物的水化。在粉煤灰水泥浆体中，粉煤灰火山灰反应的起始时间一般在一周以后甚至更长。关于这种延迟的一种解释是因为粉煤灰颗粒中的玻璃相溶解是有一定条件的，那就是孔溶液中的 pH 值要在 13.2 以上。并且粉煤灰中这种玻璃相网络结构的溶解速率同时还取决于环境温度，这同样也是影响粉煤灰火山灰反应速率的条件之一。

对矿渣作为辅助性胶凝材料的研究可以追溯到 1862 年[21]，Emil Langens 将矿渣与石灰混合后，发现所得的材料具有良好的胶凝性质，从此开辟了利用矿渣生产水泥的历史；1865 年，德国首次将石灰和磨细的矿渣混合制成石灰矿渣水泥；1922 年德国生产出了矿渣水泥，并首先用矿渣碎石做混凝土骨料，随后湿碾矿渣混凝土于 1931 年在苏联正式使用。第二次世界大战以后，由于当年生产的高炉渣已经供不应求，部分国家如美国和德国等开始转而开发昔日堆放的废渣。近年来，矿渣在水泥中的应用基本上已研究地较为透彻，各国也相应地发布了矿渣在水泥混凝土行业中应用的标准，美国 20 世纪 80 年代就制定了相关标准《砂浆和混凝土用磨细粒化高炉矿渣》（ASTM C989— 82），并在 1989 年对其进行了修订，加拿大、澳大利亚、英国等国家也在 20 世纪 80 年代初期到 80 年代中期相继制定了矿渣材料的使用标准和规范。1986 年，日本土木学会也相应地制定了《混凝土用矿渣粉》的标准草案，并于 1995 年 3 月开始正式实施，成为日本对矿渣使用的国家标准《混凝土用矿渣粉》（JISA6206—1995）。同时，1988 年日本又制定了关于矿渣粉在混凝土设计与施工中的草案与指南。这些国外标准和草案的制定与实施均对矿渣粉作为辅助性胶凝材料的研究起到了极大的推动作用，并促使粒化高炉矿渣在混凝土中的应用技术得到了快速的发展。矿渣在水泥中的应用，不仅可以显著地改善和提高水泥的综合性能，如改善水泥混凝土的工作性、降低水化热等等，同时也降低了水泥的生产成本。

关于钢渣在水泥中的应用，最早出现在前苏联。而我国 20 世纪 60 年代开始对钢渣在水泥中的应用进行了研究，由于钢渣的成分不稳定以及游离氧化钙高等问题，钢渣的应用一直无法得到发展。直到中国建材院开发出高活性的磨细钢渣粉制备技术[22]后，钢渣作为辅助性胶凝材料的研究才逐渐增加。邹伟斌[23]利用矿渣—钢渣—粉煤灰进行复合，制备出了符合国家标准的 32.5 水泥；朱跃刚等[24]认为采用钢渣或钢渣粉与熟料粉混合的生产工艺，钢渣粉在水泥中的掺入量为 10% ~30% 时不影响水泥的各项性能；林宗寿等[25]则将钢渣、粉煤灰、石膏按一定的比例混合均匀后，采用一定的方法对其进行活化处理化后得到了活性较高的钢渣混合料；徐彬等[26]利用烧石膏做激发剂对钢渣的活性进行激发，结果表明，钢渣水泥水化 28d 时，水泥中有害粗大孔的数量明显减少，改善了水泥的抗渗性以及抗侵蚀性；张德成等[27~29]用一种钠盐作激发剂掺入到钢渣和矿渣混合料中，研制出了一种早强型无熟料水泥；目前采用钢渣生产的水泥基本上都是 32.5 水泥，已不能满足建筑业的需要，加上钢渣水泥凝结时间较长，早期强度低，其应用受到了很大的限制[30~32]。

1.2.3 辅助性胶凝材料与水泥的相互作用

1.2.3.1 改进水泥性能的方法

水泥与辅助性胶凝材料物理化学耦合作用的原因一般认为是辅助性胶凝材料的加入可以提高材料密实度和二次反应生成额外的 C-S-H 胶凝。

提高水泥密实度可以通过加入一些超细的辅助性胶凝材料来达到，这些辅助性胶凝材料的粒径和颗粒分布比熟料颗粒要小得多，这样在加入水后的水泥浆体中，辅助性胶凝材料的小颗粒填充到水泥熟料的大颗粒之间的空隙中，如果没有这些超细颗粒，则大颗粒之间的空隙一般是被水占据，而该水对水泥的流动性等性能贡献不大。

第二种改进水泥性能的方法主要是消除水泥浆体中集料颗粒附近的薄弱区域。一般通过消耗部分氢氧化钙粒子形成 C-S-H 胶凝来实现。由于氢氧化钙的强度较低，是水泥浆体结构中最弱的组分，所以大量氢氧化钙的存在会对胶凝材料的力学性能产生不利的影响。而部分火山灰材料和氢氧化钙之间的火山灰反应正是为了弥补这个缺陷。

关于改进水泥性能的比较重要的理论，是沈旦申[33]提出的"粉煤灰效应"，主要包括"形态效应"、"活性效应"和"微集料效应"。此三种效应同样可以作用于其他辅助性胶凝材料。研究表明[34~36]，在水泥浆体中，辅助性胶凝材料仅具有潜在的水化活性，生成 C-S-H 少，变相的稀释了水泥水化产物的"浓度"，因此掺粉煤灰和矿渣的水泥早期强度随其掺量的增加而下降；但其后期强度却由于氢氧化钙的消耗以及填充效应，反而得到提高。另外，对粉煤灰、矿渣以及钢渣进行复合掺加表明，复合掺加后产生叠加效应，不同种类的辅助性胶凝材料以不同比例加入到水泥中时，不仅强度得到提高，其需水量、耐久性等性能也得到改善。

1.2.3.2 辅助性胶凝材料与水泥的水化作用

水泥在水化过程中，对其水化作用影响较大的主要是水泥（包括辅助性胶凝材料）的粒径分布。

由于水泥颗粒越小，其颗粒表面活性组分越多，容易水化，因此水泥越细、比表面积越高时往往能促进水泥的水化过程。对水泥水化过程来说，颗粒分布是一个重要的影响因素。Sottili 等人[37]认为，粒径分布在 $0 \sim 7\mu m$ 的水泥细颗粒对水泥的早期强度贡献最大，$0 \sim 25\mu m$ 范围内的水泥颗粒对水泥的早期以及后期强度都有较大的贡献，当水泥颗粒粒径大于 40μm 时，此时，水泥颗粒水化过程较为缓慢，对水泥力学性能的贡献比较小。其他研究也表明，影响水泥强度的主要粒径分布范围为 3~30μm，而大于 60μm 的水泥颗粒在水泥水化过程中仅仅起填充作用，对水泥力学性能没有贡献；Assaad[38] 的研究表明水泥中 3~30μm 的水泥颗粒应不少于 65%；但另一方面，水泥中小于 3μm 的细颗粒虽然可能会起到早强作用，但同时，会对水泥凝结时间以及流变性能等方面产生不良影响。K. Kuhlmann 等[39,40] 认为水泥的比表面积增加，其硬化速度加快，增加水泥细颗粒含量对提高早期强度比对提高 28 天强度效果明显。S. Tsivilis 等[41] 一些学者又进一步明确提出，水泥中 3~30μm 的颗粒对强度起主要作用，其重量比例应占 65% 以上；Skvara[42] 等人也认为决定水泥性能的不仅仅是比表面积，而且还与颗粒分布有很大关系，特别是小于 5μm 的水泥颗粒。Mehta[43] 通过分别对 11 种粉煤灰掺入水泥中后其砂浆强度的直接测定的研究表明，粉煤灰的钙含量及水泥和粉煤灰的颗粒分布是影响其复合胶凝材料强度发展的重要参数，在低钙粉煤灰中，小于 10μm 颗粒含量越多，大于 45μm 颗粒含量越少，粉煤灰的活性越高。

关于辅助性胶凝材料的粒径分布对水泥性能的影响，国内外也有很多工作者对此进行了研究。傅秀新等[44] 利用灰色关联系统方法对粉煤灰颗粒分布与水泥强度之间的关系进行了研究，结果表明，粉煤灰中 0~30μm 颗粒粒径的含量与水泥力学性能的关联度较大，而大于 40μm 的粉煤灰颗粒与水泥力学性能为负相关。Mehta[43] 认为掺加低钙粉煤灰的水泥，其中粉煤灰的粒度分布是影响其活性的重要因素，粉煤灰的活性受到小于 10μm 颗粒的影响较大，而大于 45μm 的粉煤灰颗粒对其活性产生不利的影响。对矿渣颗粒分布与水泥性能的关系，部分研究[45,46] 表明，当水泥较细时，小于 40μm 的矿渣颗粒对水泥浆体的流动性呈现促进作用，以 20~40μm 的关联度为最大；当水泥颗粒较粗时，大于 10μm 的矿渣颗粒对水泥流动性起积极作用，其中 10~20μm 的颗粒与水泥流动度的关联性最大。在土耳其，Ramazan Demirboğa 等在水泥中掺入 30% 的硅灰、粉煤灰、钢渣，通过调整配比，使水泥石在后期有很高的抗压强度；Halit Yazici 等[47] 将这三种混合材粉磨到一定细度，选择最佳颗粒级配，使水泥强度得到了很大提高。这实际上与水泥改善性能的第一种方法有很大关系，若水泥中细颗粒含量太少时，水泥水化进程中无法达到最紧密堆积，而较细的辅助性胶凝材料的掺入有利于促进胶凝材料体系的紧密堆积。

根据强度理论，水泥硬化浆体的强度由水泥中水化产物的数量来决定。水泥的力学性能即强度与水泥以及辅助性胶凝材料的水化程度关系较为密切，水泥水化速度越快，水泥石中含有的水化产物数量越多，此时，数量较大的水化产物填充水泥石的空隙并相互粘结，使得微裂纹和孔隙率（特别是大孔部分）减小，从而使水泥的强度得到提高。当比表面积相同时，水泥颗粒分布较为均匀的体系，其水化速率总是大于非均匀体系。从加速水泥的水化方面来讲，水泥颗粒分布越均匀，水泥强度越高。

尽管目前辅助性胶凝材料与水泥熟料的相互作用机理研究较多，但仍然有部分研究结果相互矛盾，如粉煤灰与熟料中 C_3S 相互作用方面的研究，既有粉煤灰促进 C_3S 水化的研究结论，又有延缓其水化的报道。在粉煤灰促进 C_3S 水化结论方面，水泥行业先驱者 Taylor 等[48]认为在水泥水化开始阶段，粉煤灰球形表面颗粒有助于 C-S-H 凝胶的形成和氢氧化钙的结晶，这是粉煤灰促进 C_3S 水化的主要原因；但 Takemoto 等[49,50]则将此归功于粉煤灰颗粒表面选择性吸收钙离子的结果。Maltis 等[51]对两种不同的粉煤灰进行了研究，结果表明，两种粉煤灰都能增加水泥浆体的非结合水量，但增加数量差别较大，因此，不能把粉煤灰对水泥水化的影响仅仅归因于"微集料效应"。而另一种认为粉煤灰延缓 C_3S 水化方面的研究则认为[52]，由于粉煤灰溶解产生 Al^{3+}，促进了 AFt 的形成，再加上粉煤灰颗粒表面吸附部分 Ca^{2+}，因此液相中的 Ca^{2+} 浓度比较低。在这种条件下，C-S-H 的形成和 $Ca(OH)_2$ 结晶均被延迟，进而延缓了熟料矿物的水化。阎培渝等[53,54]的研究也表明，粉煤灰的掺入能够延长复合胶凝材料的水化诱导期，且粉煤灰的掺量越大，对水泥水化的延迟作用越大。

目前大部分水泥工作者较为认同后一种观点，即辅助性胶凝材料的加入延迟了水泥的早期水化进程。

辅助性胶凝材料对水泥的水化作用主要表现在水泥的力学性能上。其对水泥强度的作用效应包括物理效应与化学效应两个方面。关于物理效应，谢友均等[55]定量分析了粉煤灰对水泥浆体密实性的影响，结果表明水泥浆体的密实度随粉煤灰掺量的增加而增加，流动性也随之增大，这说明浆体密实度的提高，补偿了因辅助性胶凝材料比表面增大而消耗的用水量，提高了浆体的流动性。由于水泥浆体密实度的提高，从而使得抗压强度也得到提高。潘钢华等[56]应用有限元法，对水泥浆体中未水化水泥和辅助性胶凝材料的微集料效应进行了定性和定量的分析，证明在水泥中，微集料效应对强度有显著影响。关于化学效应方面，研究表明[57]，主要是粉煤灰的火山灰效应和辅助性胶凝材料的二次水化所致。二次水化即是在水泥水化后期，掺加辅助性胶凝材料的水泥其强度大大提高甚至超过纯水泥强度的主要原因。一般研究均认为，辅助性胶凝材料对于水泥强度的影响是物理与化学作用的共同结果，但研究者对于影响强度的主要影响因素认识不同：有的水泥工作者认为物理作用占据主导地位，据此提出改善粉煤灰等辅助性胶凝材料粒径分布以改善水泥强度的措施；而另一部分水泥工作者则认为辅助性胶凝材料的化学效应才是影响强度的主要因素，同样，他们据此提出采用活性激发的方法改善辅助性胶凝材料的化学活性来改善水泥的力学性能。

1.2.4 钢渣和粉煤灰的活性激发

1.2.4.1 钢渣的活性激发

钢渣与高炉矿渣、粒化电炉磷渣类似，是一种具有潜在水硬性能的辅助性胶凝材料。文献报道的钢渣活性激发方法主要有：物理激发、化学激发以及热力激发等，而 1990 年以后研究工作的重点是用物理方法激发钢渣的活性，提高其水硬胶凝性能[58,59]。

A　机械激发活性（物理激发）

钢渣的物理激发原理是用机械方法提高钢渣的细度，又叫机械激发。粉磨过程不仅仅是颗粒减小过程，同时伴随着晶体结构及表面物理化学性质的变化；钢渣的化学激发主要是通过加入晶核并提高液相碱度的方法来加速其水化硬化过程。由于物料比表面积增大，粉磨能量中的一部分转为新生颗粒的内能和表面能。晶体的键能也将发生变化，晶格能迅速减小，在损失晶格能的位置产生晶格错位、缺陷、重结晶，在表面形成易溶于水的非晶态结构。晶格结构的变化主要反应为晶格尺寸减小，晶格应变增大，结构发生畸变。晶格尺寸减小，保证钢渣中矿物与水接触面积的增大；晶格应变增大提高了矿物与水的作用力；结构发生畸变，结晶度下降使矿物晶体的结合键减小，水分子容易进入矿物内部，加速水化反应。不同成分的钢渣在粉磨过程中的结构变化是不同的，它和物料粉磨的难易程度有关。另外，还和晶型本身的稳定性有关。

随着粉磨时间的延长，物料比表面积增大，比表面积能量显著增大；由于晶格内能的作用，发生晶格应变的恢复和重结晶过程。另外，物料颗粒间作用力的增大又发生物料颗粒团聚的趋势，从而增大表观粒度，降低比表面积，降低粉磨效率。

由于冶炼炉料和冶炼工艺的不同，钢渣粉细度不同，水硬活性也不同。为了寻求最佳细度和粉磨的工艺参数，针对某一种钢渣进行粉磨机理和物料性能的可行性试验分析十分重要。目前国内的生产工艺是将熟料、钢渣、矿渣和石膏等混合磨细，由于钢渣的易磨性差，导致钢渣的细度达不到要求，影响了它的活性激发。如果是将钢渣先粉磨至合格细度后，再与熟料及其他外加剂混合，则对钢渣活性的激发有很大的益处。在粉磨过程中，可以考虑加入一定量的助磨剂。

B　化学激发

通过加入晶核并提高液相碱度的方法来加速其水化硬化过程。钢渣作水泥基掺合料，一般加入石膏、熟料、石灰或其他碱性激发剂如碱金属、硅酸盐、碳酸盐或氢氧化物等。碱性激发剂的存在提高了液相碱度，液相 pH 值保持在接近 12。C_3S、C_2S 水化反应速率增大，使得水泥胶凝产物的量增加，从而激发了钢渣的水化活性。据研究，利用烧石膏作为激发剂，提高钢渣水泥早期强度明显。水化 28d 时，钢渣水泥中有害粗大孔数量减少，使微细孔分布更趋合理，孔结构性能改善，使其抗渗性、抗侵蚀性提高。

C 碱金属的硅酸盐、碳酸盐

碱金属的硅酸盐、碳酸盐包括硅酸钠、硅酸钾、碳酸钠、碳酸钾等，另外氢氧化物也可作为钢渣的激发剂，如氢氧化钠，但以硅酸钠用得最多。硅酸钠即水玻璃，俗称泡花碱，化学式为 $R_2O \cdot nSiO_2$，其中 R_2O 是碱金属氧化物，n 称为水玻璃的模数。

D 石膏

常见的石膏激发剂有二水石膏（$CaSO_4 \cdot 2H_2O$）、半水石膏（$CaSO_4 \cdot 1/2H_2O$）和无水石膏（$CaSO_4$），当用石膏作激发剂时，钢渣水泥的水化产物主要是水化硅酸钙和钙矾石，但数量不多，如果再加入少量熟料，则可提高溶液中 $Ca(OH)_2$ 的浓度，生成较多的水化硅酸钙和钙矾石，当石膏消耗完以后，则钙矾石向单硫型水化硫铝酸钙转化。

钢渣作为水泥基辅助性胶凝材料，一般加入石膏、熟料、石灰或其他碱性激发剂如碱金属、碳酸盐或氢氧化物等。碱性激发剂的存在提高了液相碱度，C_3S、C_2S 水化反应速率增大，使得水泥胶凝产物的量增加，从而激发了钢渣的水化活性。有研究表明，采用烧石膏作为钢渣的活性激发剂，可以明显提高钢渣水泥的早期强度，当水泥水化 28d 时，掺有钢渣的水泥中粗大孔数量明显减少，水泥的孔结构性能得到改善，从而提高了水泥的抗渗性与抗侵蚀性[26]。无水石膏溶解速度与溶解度较大，可提高水泥中钙矾石的形成速度，有利于钢渣水泥早期强度的发展，所以对钢渣的激发作用最为明显[60]。

E 复合激发

通常单独使用一种化学激发剂激活钢渣的活性，并不能取得很好的效果。在实际应用中，常采取两种或多种化学激发剂的激活方法，即复合激发。一般情况复合激发的效果优于单独激发。

F 热力激发

热力激发主要是指将钢渣置于蒸汽或水热的条件下对钢渣的活性进行激发，此类激发可以使钢渣中的活性成分溶出，同时降低钢渣中的游离氧化钙的含量。

G 其他

除了以上提到的几种常用激发剂外，有些文献也报道了用其他激发剂激活钢渣的方法。如铝硅酸钾（钠）、石灰石、熟料和晶种等作激发剂掺入钢渣和矿渣中，也能加速钢渣、矿渣的激发。

对钢渣的活性激发中，如果仅仅单独使用某一种表面活性剂对钢渣的活性进行激发，往往并不能取得较为理想的效果，因此，在对钢渣进行活性激发时，经常采用两种或两种以上的表面活性剂或化学激发剂对钢渣进行激发，此种激活方法即称为钢渣的复合激发。通常情况下，复合激发的效果要比单独激发的效果好。王秉纲[61]等用硅酸盐、硫酸盐以及铝酸盐混合后研制激发剂，最终得出了一种以钢渣和矿渣为主要原料的无熟料或少熟料的高强钢渣复合水泥，其强度可达到水泥62.5等级。黄振荣[62]等采用无水石膏和硅酸钠盐的混合物组成的激发剂对钢渣进行激发，研制出了一种无熟料高强钢渣矿渣水泥，无论是早期强度还是后期强度均能达到水泥国际标准，同时，其强度标号也达到了42.5等级以上。李义凯等[63]则采用水玻璃和氧化钙一起与一些其他试剂复合制备出了一种复合激发剂对钢渣的活性进行了激发，在复合激发剂的激发下，钢渣的活性得到了激发，最终得到了活性较高的钢渣胶凝材料，在此种复合胶凝材料中，钢渣的掺量可达35%~40%，且其力学性能仍然较好。除了以上提到的几种常用钢渣的激发剂以及激发方法外，同时还有其他研究也报道了采用其他激发剂或表面活性剂对钢渣进行激发的方法。张同生等[64~66]用硫铝酸盐以及钠基的激发剂对钢渣胶凝材料的活性进行激发，最终制备出的钢渣胶凝材料强度也均有较大幅度的提高。同时，石灰石也可以对钢渣的活性产生一定的激发作用。另外，水泥中的熟料以及熟料晶种本身可以对钢渣的碱度起到一定的提高作用，因此对钢渣的活性也起到一定的激发作用。

1.2.4.2 粉煤灰的活性激发

随着电力工业的发展，燃煤电厂的粉煤灰排放量逐年增加。大量的粉煤灰不加处理，就会产生扬尘，污染大气；若排入水系会造成河流淤塞，而其中的有毒化学物质还会对人体和生物造成危害。由于粉煤灰是极细颗粒状的，在风的作用下极易造成填埋地附近扬沙甚至沙尘暴而导致大气污染，特别是我们国家是一个多风的地区，粉煤灰对大气的危害更为严重。粉煤灰目前的处理方法为填埋，填埋地一般选在山间等低洼的地方，经过雨淋冲刷极易造成水域的污染，污染水通过径流或者地下渗透而造成更大的危害。因此，粉煤灰的处理和利用问题引起人们广泛的注意。国外在20世纪50~60年代就已经开始了粉煤灰的应用研究，我们国家在20世纪80年代也开始了这方面的探讨。目前国内的很多相关企业都在努力解决粉煤灰活性低而造成利用率低的问题。

传统粉煤灰活性的激发方法有化学激发、物理激发、热力激发及复合激发等。

A 化学激发

常用的粉煤灰化学激发方法主要有酸激发、碱激发以及盐激发等等。对粉煤灰活性进行酸激发通常是指在粉煤灰中加入一些强酸，将两者混合均匀，然后将粉煤灰陈放处理一定时间后，粉煤灰颗粒表面被强酸腐蚀从而会形成新的粉煤灰表面和新的活性点。可以看出，粉煤灰的酸激发其实就是对粉煤灰的表面结构进行破坏从而达到加快粉煤灰的早期火山灰反应的目的，从某种意义上讲，和物理机械磨细的方法有极大的相似之处[67]。粉煤灰活性的碱激发[68]主要是增加浆体的 OH^- 离子浓度，促使 Si—O 键与 Al—O 键的断裂，提高粉煤灰的早期水化反应速率。常用的碱激发剂主要有生石灰、熟石灰、KOH、NaOH、强碱弱酸盐等。盐类激发包括氯盐激发和硫酸盐激发。粉煤灰—石灰混合体系中加入 NaCl、$CaCl_2$ 等氯盐后，也可以提高粉煤灰—石灰体系的强度。Robert L Day[69]等的 X-Ray 分析结果显示，加入 $CaCl_2$ 的粉煤灰—石灰混合体系中会生成 C_4AH_{13}-C_3A · $CaCl_2$ · $10H_2O$ 固溶体；研究结果表明，$CaCl_2$ 对低钙粉煤灰的活性激发效果较好，而对高钙粉煤灰激发效果相对较差，造成这种效果差异的原因可能与 $CaCl_2$ 可以为含钙量低的粉煤灰提供水化反应产物所需的 Ca^{2+} 有关，同时还可降低水化产物的 ξ 电位。$CaCl_2$ 对粉煤灰混合体系的中期力学性能和后期力学性能具有较好的提高作用，尤其是对 90d 以及 90d 后的强度提高作用较为明显。但是，由于加入 NaCl、$CaCl_2$ 等氯盐后，会引入 Na^+ 和 Cl^-，而氯盐的掺入会导致钢筋的锈蚀，因此不宜在钢筋混凝土中使用氯盐作为粉煤灰的激发剂。NaCl 对粉煤灰活性的激发作用主要是通过形成 NaOH 从而增加玻璃结构解体能力来实现。硫酸盐激发则主要是指 SO_4^{2-} 在 Ca^{2+} 的作用下，与溶解于液相的活性 Al_2O_3 发生反应生成稳定的钙矾石晶体，从而有利于 Ca^{2+} 扩散到粉煤灰颗粒内部，与内部活性 Al_2O_3 和 SiO_2 反应，提高粉煤灰活性激发的程度。

　　B　物理激发

　　粉煤灰的物理激发是对粉煤灰进行超细粉磨以改变其颗粒粒径分布，增加其比表面积，从而增加粉煤灰的活性。物理激发的作用主要表现在，一方面粗大多孔的粉煤灰玻璃体被粉碎，玻璃颗粒粘结被破坏，从而使粉煤灰的表面特性和集料级配得到改善，粉煤灰的物理活性得到提高（如形态效应、微集料效应均有所提高）；另一方面，物理激发破坏了粉煤灰玻璃体表面较为坚固的保护层，使粉煤灰内部一些具有可溶性的 SiO_2、Al_2O_3 不断溶出，提高了粉煤灰的活性；同时，粉煤灰比表面积逐渐增大，致使其与水泥的反应接触面也相应增加，因此导致粉煤灰早期化学活性大大提高[70,71]。尽管物理机械粉磨对粉煤灰活性进行激发，工艺相对简单、成本低廉，但相关研究却表明[72]，当物料的比表面积达到一定程度时，如果继续增加物料的比表面积，不仅不会继续提高物料的活性，反而可能会对提高粉煤灰等物料的活性起到一定的反作用，因此物理机械粉磨激发一般只适用于对相对较粗品位较差的粉煤灰，对较细的粉煤灰效果不太理想，无法对粉煤灰的活性进行较好的激发。

C 热力激活/激发

粉煤灰的热力激活[73]主要是指将粉煤灰置于蒸汽或水热的条件下对粉煤灰的活性进行激发,在蒸汽或水热的条件下,粉煤灰中的网络结构相对较易破坏;且蒸汽或水热时的温度越高,则粉煤灰中的网络结构越易被破坏,体系中的活性Al_2O_3、SiO_2等活性成分越易溶出,这样就加快了粉煤灰中玻璃体矿物结构转移的速度以及水化产物形成的速率。王晓钧[74]等人的研究证实了在粉煤灰—石灰体系中,随着蒸养温度的升高以及蒸养时间的延长,体系中粉煤灰原有的玻璃体网络结构遭到破坏,$[SiO_4]$四面体网络结构聚集体也呈现从高聚合度向低聚合度转移的趋势,同时,$[SiO_4]$单体和双聚体所占的百分比含量也逐渐增加,有利于水化产物的形成。但另一方面,蒸汽养护也存在自身的缺陷,那就是它仅仅可以应用于粉煤灰预制小型构件的制备,如粉煤灰砖、粉煤灰砌块等等,而对一些大型构件或路面工程、大坝等大体积混凝土等则无法应用。

D 电极化激发

粉煤灰活性的电极化激发是指粉煤灰在电场中,其氧化物空间网络结构处于疲劳应力分子有序振动及不稳定能量状态,电子组态趋向于从价带越过禁带转向空导带,更加加剧了网络结构的潜在不稳定性,同时使得晶体各方面的缺陷得到集中表现,一旦具备必要的外界条件,空间网络结构很快发生破坏,化学反应速度急剧增加。例如,粉煤灰—水—激发剂的混合体系在交变电磁场的作用下,网络形成体被极化,网络调整体穿透作用加强,水分子发生转向且网络调整体阴阳离子集团、活性激化剂、活化水分子等对活化的网络形成体左右开弓,尤其在阳离子的晶格穿透作用的配合下,玻璃体外围空间结构频频解体,长键结构大量断裂,极大地提高了粉煤灰的活性。

E 复合激发

复合激活是指将各种物理和化学的激活方法结合在一起,同时提高粉煤灰在混凝土中的形态效应、微集料效应和化学效应。一般来说,复合激发克服了单一激活方法的某些弱点,充分发挥几种方法的综合性能,效果要优于单独激发。

F 其他激发方法

当在粉煤灰中外掺可溶性硅铝后,就可能在水化反应早期生成较多水化硫铝酸钙和C-S-H凝胶,使制品早期强度稳定增长。这种含可溶性硅铝的物质可称为晶种(或晶核)。有学者在粉煤灰制品中掺入晶种后,核化势垒下降,形成新界面的自由焓变小,使晶种具有对离子优先吸附的界面作用和优先沉淀的结晶中心作用,缓和了水化包裹层的增厚,从而使得Ca^{2+}的扩散速率加快。研究表明,粉状速溶硅酸钠的显微组织为非晶玻璃体,由于其细度微小,比表面积大,活性高,其不定形SiO_2可与$Ca(OH)_2$迅速反应生成微晶水化硅酸钙细晶体,并可填充水泥石空隙，加快 C_3S 和 C_2S 的水化，也有利于粉煤灰的火山灰活性加速发挥。硅酸钠是一种起到晶种作用的物质；在矿渣—粉煤灰双掺水泥中，矿渣也可以在石灰、石膏等激发剂的作用下较快地形成 C-S-H、C-A-H，这些水化物实际上也起到了晶种的作用。

粉煤灰的应用越来越广泛，这与对其活性研究的进展性成就是分不开的。粉煤灰本身的物理及化学性质是决定其活性的重要因素。在实际应用中，粉煤灰的物理活性与化学活性是相辅相成的，它们共同作用在水泥基复合材料的水化过程中，不易区分。因此，在粉煤灰活性评价方法的研究中，通常将物理活性与化学活性综合考虑，统一称为粉煤灰的活性。在《用于水泥和混凝土中的粉煤灰》（GB/T 1596—2005）中，提出了强度活性指数的概念，即试验胶砂抗压强度与对比胶砂抗压强度之比，以百分数表示。这里所评价的粉煤灰的活性，包括其水化早期的物理活性，以及水化后期共同作用的物理与化学活性。

国内外对粉煤灰活性激发以及其机理研究已经取得了很大的进展，但是仍然存在很多欠缺和不足：

（1）实际工程上粉煤灰的活性激发问题。在我国 95% 以上的粉煤灰是Ⅲ级灰，学者的很多研究工作都是围绕粉煤灰的研究大部分以Ⅰ、Ⅱ级灰进行的，虽然取得了一些成果，但是实际应用价值不大。如何解决粉煤灰的大掺量问题，从而达到减少熟料掺量，降低能耗，实现节能减排的目的，一直是水泥工作者研究的热点之一。

（2）以粉煤灰水泥体系来研究粉煤灰活性激发时，缺乏不同激发条件下的激发机理、水化程度的对比性探讨以及复合激发的深入研究。

（3）粉煤灰颗粒中活性组分，主要是（Ca，Si，Al）的溶出性质，对指导粉煤灰活性激发具有重要意义。目前很多文献都只局限于激发效果的研究，没有对粉煤灰活性的生成条件进行更深一步的了解。

1.2.5　辅助性胶凝材料的反应程度测试方法研究

目前国内外大多工作者对粉煤灰的反应程度均采用盐酸溶解法，矿渣的反应程度采取 EDTA（乙二胺四乙酸二钠）碱溶液选择性溶解法进行测定[75~78]，国内外对粉煤灰、矿渣的反应程度研究均集中在其掺量[79,80]对反应程度的影响、细度对反应程度的影响以及水灰比[80]对反应程度的影响等几个方面。

我国对反应程度测试应用最多的也是这种方法，即采用盐酸溶解法测定水泥中粉煤灰的反应程度，采用 EDTA 碱溶液选择性溶解法测定水泥中矿渣的反应程度，同时对复合水泥中粉煤灰和矿渣的反应程度也采取此种方法，一般均参照《水泥组分的定量测定》（GB/T 12960—2007）[81]测定矿渣和粉煤灰的反应程度，并对其进行适当修正[82]。

钢渣的反应程度测定目前国内外尚未找到比较有效的方法，一般是采取通过对比其结合水的方式进行简单推测。

1.3 目前研究存在的问题

目前，水泥工作者对钢渣、粉煤灰、矿渣的特性以及其在水泥水化进程中所起的作用、辅助性胶凝材料的颗粒分布对水泥水化的影响、粉煤灰钢渣的活性激发等方面均进行了大量、细致的研究，但是部分研究结论相互矛盾；关于粉煤灰、矿渣在水泥中的反应程度研究较少，钢渣在水泥中的反应程度几乎很少有报道。关于钢渣、粉煤灰、矿渣的研究中主要存在以下问题：

（1）目前的研究仅仅只针对一种辅助性胶凝材料，对两种或两种以上辅助性胶凝材料加入到水泥中后的反应机理研究较少，尚不系统。

（2）钢渣作为辅助性胶凝材料在水泥中的应用，其水化反应程度目前尚无较为有效的方法进行测定。

（3）大量对粉煤灰、矿渣、钢渣作为辅助性胶凝材料的研究均集中在实际应用方面，仅仅是定性的描述其微观结构和水化特征，对其机理研究较少，不够深入；目前国内外关于水泥浆体中水泥的水化程度和辅助性胶凝材料的反应程度的研究很少，关于辅助性胶凝材料的细度与掺量等参数对辅助性胶凝材料的反应程度的影响的研究更鲜有报道；对钢渣、粉煤灰进行活性激发后在水泥中的反应程度的研究几乎空白。

1.4 本章小结

本章综述了国内外辅助性胶凝材料的研究进展和发展现状，钢渣、粉煤灰、矿渣的特性及其在水泥水化进程中所起的作用、粉煤灰钢渣的活性激发手段和方法等，并对目前存在的问题进行了分析，通过此章综述，可以为之后的辅助性胶凝材料在水泥中的反应机理研究提供研究方向和理论支持。

2 原材料与试验方法

2.1 原材料

2.1.1 原材料的化学成分

试验中所用水泥来自于安徽海螺集团马鞍山水泥厂的 P·I 52.5 硅酸盐水泥，粉煤灰、矿渣均由安徽海螺集团马鞍山水泥厂提供；钢渣来自攀枝花钢铁企业有限公司。原料的化学成分见表 2-1。

表 2-1　试验所用原料的化学成分　　　　　　　　　　（w/%）

样品	烧失量	SiO$_2$	Al$_2$O$_3$	CaO	Fe$_2$O$_3$	MgO	SO$_3$	总计
水泥	—	21.20	4.98	65.23	3.59	0.87	2.01	97.88
钢渣	2.76	12.21	4.57	39.86	25.78	12.23	—	97.41
粉煤灰	2.01	51.04	30.96	5.74	5.67	1.08	1.11	97.61
矿渣	0.11	32.32	16.67	36.34	0.20	8.96	2.43	97.03

2.1.2 原材料的矿物组成和微观结构

2.1.2.1 水泥

试验所用水泥由海螺集团提供。由图 2-1 可知安徽海螺集团马鞍山水泥有限

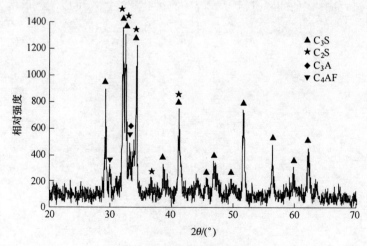

图 2-1　水泥的 XRD 图谱

公司生产的 P·I 52.5 硅酸盐水泥矿物组成主要是 C_3S，C_2S，C_3A，C_4AF。为减少误差，本书中所用水泥为未掺加任何混合材的 P·I 52.5 硅酸盐水泥。

2.1.2.2 矿渣

矿渣为武钢水淬矿渣，由安徽海螺集团马鞍山水泥有限公司提供，其 XRD 图谱如图 2-2 所示。

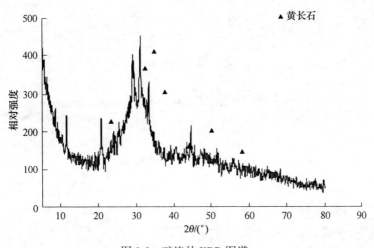

图 2-2　矿渣的 XRD 图谱

图 2-2 表明矿渣的主要矿物组成是钙铝黄长石（Gehlenite），另外，还含有大量的玻璃相。矿渣的 SEM 图如图 2-3 所示（未分级的矿渣颗粒）。

图 2-3　矿渣 SEM 图片

从图 2-3 可以看出，矿渣基本为有棱角的颗粒状，同时有部分外形不规则的矿渣小颗粒。

2.1.2.3 粉煤灰

粉煤灰为来自马鞍山热电厂的原灰，由安徽海螺集团马鞍山水泥有限公司提供，其 XRD 图谱如图 2-4 所示。

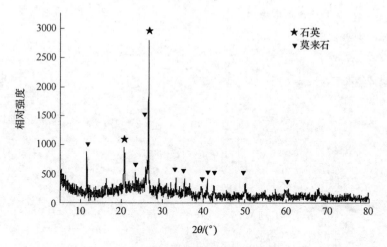

图 2-4　粉煤灰的 XRD 图谱

图 2-4 表明，粉煤灰的主要矿物组成为莫来石（Mulite）、石英（Quartz），另含有部分玻璃相。

从图 2-5 中可以看出，未分级的粉煤灰颗粒有部分颗粒仍保持球形，但大部分已经破碎，呈现碎屑状。

图 2-5　粉煤灰 SEM 图片

2.1.2.4　钢渣

钢渣由攀枝花钢铁企业有限公司提供。其 XRD 图谱如图 2-6 所示。从钢渣粉的 X 射线衍射分析结果可以看出，攀钢钢渣主要矿物组成与水泥熟料有所相似，主要为硅酸三钙（C_3S）、硅酸二钙（C_2S）、RO 相以及铁铝相（$C_{11}A_7 \cdot CaF_2$）等，同时还含有少量的 CaO、$Ca(OH)_2$ 等矿物。因此，可以看出，钢渣的矿物组成与硅酸盐水泥熟料矿物类似，从理论上分析，可以作为硅酸盐水泥熟料的混合材替代部分水泥熟料。但另一方面，钢渣中的矿物活性相对较低，且较难激发，需要将其粉磨到一定程度或采用加入某种化学激发剂来激发其活性后方具有较高的利用价值。

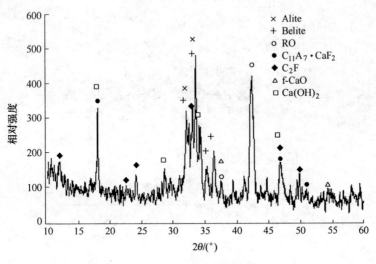

图 2-6 钢渣的 X 射线衍射分析

2.1.3 原材料分析

粉煤灰：从粉煤灰的化学成分以及粉煤灰的 SEM 图微观结构来看，本试验中所用的粉煤灰为低钙灰，其细度、烧失量以及 SO_3 含量均满足表 2-2 中 I 级粉煤灰的等级要求，是一种典型的低钙型一级粉煤灰。

表 2-2 用作活性混合材料的粉煤灰

序号	指 标	级 别	
		I	II
1	烧失量（不大于）/%	5	8
2	含水量（不大于）/%	1	1
3	三氧化硫（不大于）/%	3	3
4	28d 抗压强度比（不大于）/%	75	62

钢渣：本试验中所用钢渣碱度（CaO/SiO_2 质量比）为 3.26，碱度较高，外观呈灰白色，渣块较为松散，质地坚硬密实，孔隙少，含铁量高达 25%以上，主要矿物组成为 C_2S、C_3S、CSH、RO 相和金属铁等，是一种典型的采用热焖法工艺处理后的高碱度转炉钢渣。

矿渣：矿渣化学成分中碱性氧化物与酸性氧化物之质量比 Mo，称之为碱性系数。

$$Mo = \frac{m(CaO) + m(MgO)}{m(SiO_2) + m(Al_2O_3)}$$

一般：

$Mo>1$ 表示碱性氧化物多于酸性氧化物，该矿渣称之为碱性矿渣；

$Mo=1$ 表示碱性氧化物等于酸性氧化物，该矿渣称之为中性矿渣；

$Mo<1$ 表示碱性氧化物少于酸性氧化物，该矿渣称之为酸性矿渣。

本试验中所用矿渣的碱性系数为 0.92，是一种典型的酸性矿渣。

2.2　试验设备

试验设备名称及生产厂家见表 2-3。

表 2-3　试验仪器

仪 器 名 称	生 产 厂 家
SM-500 型试验磨	无锡建仪仪器机械有限公司
JJ-5 型水泥胶砂搅拌机	无锡建仪仪器机械有限公司
ZS-15 型水泥胶砂振实台	无锡建仪仪器机械有限公司
GZ-85 型水泥胶砂振动台	无锡建仪仪器机械有限公司
NJ-160A 型水泥净浆搅拌机	无锡建仪仪器机械有限公司
NYL-600 型压力试验机	无锡建仪仪器机械有限公司
DKZ-5000 型电动抗折试验机	无锡建仪仪器机械有限公司
SH-100 型恒温恒湿箱	无锡华南实验仪器有限公司
GZX-9146MBE 型数显鼓风干燥箱	上海博迅实业有限公司
常压恒温水浴箱	北京市医疗设备总厂
电子天平	上海天平仪器厂
SBT-127 数显勃氏透气比表面积测定仪	无锡建仪仪器机械有限公司
CCR-2 型无电极水泥混凝土电阻率测定仪	深圳建维科技有限公司

2.3　试验方法

2.3.1　粉磨及分级试验

试验中，首先把矿渣、钢渣、粉煤灰分别加入 5% 的石膏，放入 SMϕ500mm ×500mm 试验磨中粉磨，粉磨后的原材料采用 FJM630 超细粉气流磨进行分级，然后进行一系列的测试。

2.3.2 物理性能试验

物理性能试验包括密度、比表面积、凝结时间、标准稠度用水量、安定性、水泥胶砂强度等测定。密度按照《水泥密度测定方法》（GB/T 208—1994）进行；比表面积测定按照《水泥比表面积测定方法（勃氏法）》（GB/T 8074—87）进行；水泥标准稠度用水量、安定性、初凝时间和终凝时间测定按照《水泥标准稠度用水量、凝结时间、安定性检验方法》（GB/T 1346—2001）进行；水泥胶砂强度测定按《水泥胶砂强度检验方法（ISO 法）》（GB/T 17671—1999）进行。

标准砂为 ISO 水泥强度试验用标准砂，水泥与标准砂的质量比为 1：3，水灰比为 0.5。砂浆试样成型后先按标准方法在（20±3）℃相对湿度大于 90% 的条件下养护（24±2）h 后脱模，再将试样放入（20±2）℃的水中养护至龄期取出测试抗折、抗压强度。

2.3.3 水泥颗粒粒度分布

水泥颗粒分布用 ZETASIZE 3000HSA 型激光粒度仪进行测定。

2.3.4 水泥浆体电阻率测试

水泥浆体电阻率测试采用 CCR-2 型无电极水泥混凝土电阻率测定仪，将待测水泥浆体按照水灰比 0.3 进行称料，测试环境温度为（23±2）℃，湿度为 99%。称取 3kg 待测样，置于胶砂搅拌机中，加入水后，先慢速搅拌 2min，再快速搅拌 2min。搅拌完成后，将水泥浆体倒入测试仪的环型模具中，振动至拌合物表面水平，加盖以防止水分蒸发。然后启动记录系统进行测试不同水化时间的环电流，经过计算得到电阻率随时间的变化曲线。

2.3.5 微观性能测试方法

2.3.5.1 样品的制备

将各水泥试样按照水泥标准稠度配制成水泥净浆，用净浆搅拌机搅拌均匀，采用 20mm×20mm×20mm 的六联试模振动成型，标准水养到 3d 和 28d，破碎后浸于无水乙醇中终止水化，60℃下低温烘干 24h，装入自封袋内备用。待测试前进行烘干，然后进行测试。

2.3.5.2 X 射线衍射分析（XRD）

X 射线衍射分析（简称：XRD）是使用日本理学公司生产的 Dmax/RB 型 X 射线衍射仪进行测定。试验主要采用粉末试样衍射方法，具体试验条件为：Cu 靶 Kα射线，管电压为 40kV，管电流为 100mA。

具体试验过程为将试样在干燥箱中 105℃烘干后，研磨至一定程度后，压入样品凹槽内，进行 X 射线衍射测定。

2.3.5.3　扫描电镜（SEM）

扫描电子显微镜（SEM）是近几十年来迅速发展起来的一种现代电子光学测试仪器。它对样品微观的晶粒形貌、晶粒大小、晶粒分布等均可以观测，同时对其元素的分布情况等也可进行测定。本试验中扫描电子显微镜采用的是日本电子公司生产的 JSM-5900 型的扫描电镜，用此对各种试样的形貌和产物进行观察。将待测样品上喷镀导电层铂 Pt，然后在扫描电镜上观察水化断面的水化产物以及聚合物与水泥的内部结构形貌。

2.3.5.4　差热分析（TG-DSC）

用 Netzsch Sta449C 型热分析仪对水化样进行综合热分析。

热分析是通过测定物质加热或冷却过程中物理性质的变化来研究物质性质及其变化，或者对物质进行分析鉴别的一种技术。物质在受热过程中要发生各种物理、化学变化，这种变化可用各种热分析方法跟踪。热分析技术是对各类物质在很宽的温度范围内进行定性或定量表征极为有效的手段，通过测定加热或冷却过程中物质本身发生变化和测定加热过程中从物质中产生的气体，推知物质变化，对各种温度程序都适用。对样品的物理状态无特殊要求，所需样品量很少，不仅能独立完成某一方面的定性、定量测定，而且还能与其他方法相互印证和补充，已成为研究物质的物理性质、化学性质及其化学变化过程的重要手段。它在基础科学和应用科学的各个领域都有极其广泛的应用。

2.3.5.5　X 射线荧光分析（XRF）

试验中采用 ADVANTXP 型 X 射线荧光光谱仪进行测定。XRF 可以对原材料等物料中的各种元素和氧化物进行快速测定，是近年来广泛应用的一种研究方法。

2.3.5.6　孔结构分析

水泥浆体孔径分布及孔结构变化规律测定主要采用汞压力法进行测定。本文中的孔结构测试仪器为美国生产的 Poremaster-GT6.0 型压汞仪。该压汞仪测试孔结构的基本原理是：根据所加试验压力与压入孔系统中 Hg（水银）含量之间的函数关系，对物料中孔隙的直径和不同大小孔隙的体积进行计算分析。汞压力法主要适合于测定物料中平均孔径为 1.5~100μm 范围的孔径。根据所加压力的大小可分为高压法和低压法两种：

低压测孔条件：压力为 $2×10^3 ~ 1.3×10^5 Pa$，主要可测 375~5.5μm 的孔。

高压测孔条件：压力为 0.15 ~ 300MPa，有时可达 500MPa，主要可测 5.5μm~1.5nm 的孔。

高压汞测孔法是目前各研究单位用得较多且效果较好的一种方法。本文中分析水泥浆体样品的孔结构测试结果均为高压汞测孔法所测试出的结果。

2.3.6 反应程度测试方法

　　粉煤灰和矿渣的反应程度测试方法，采取《水泥组分的定量测定》（GB/T 12960—2007）进行测试，其中粉煤灰的反应程度采用盐酸溶解法，矿渣的反应程度采取 EDTA-碱溶液选择性溶解法进行测定，采取修正后的计算方法；钢渣的反应程度测定由于一直无法找到比较有效的方法，采取单掺时将其作为矿渣采取 EDTA-碱溶液选择性溶解法进行测定；复合掺加时将其中一方的反应程度固定计算另一方的反应程度进行简单推测，此时，计算结果可能会导致矿渣和钢渣的反应程度均有所偏大，但是，不影响对其反应程度趋势的变化（可参照结合水含量的变化趋势）。

2.3.6.1 水泥中粉煤灰反应程度的测试

　　水泥中粉煤灰的反应程度测试选择盐酸溶解法是基于水泥及水泥水化产物溶于盐酸，粉煤灰不溶于盐酸的原理。因此，通过将水化后的水泥浆体试样溶解于盐酸溶液中，将过滤后的残渣烘干至恒重，扣除粉煤灰中溶解于盐酸的部分和水泥中不溶于盐酸的部分（复合掺加时要扣除其他辅助性胶凝材料中不溶于盐酸的部分），通过计算，即可得出粉煤灰的反应程度。

　　（1）单掺粉煤灰时，修正后的粉煤灰反应程度测试公式见式（2-1）：

$$\beta_{F,0} = \left(1 - \dfrac{\dfrac{M_{F,1}}{1 - M_{F,2}} - M_{F,3} \times \gamma_C}{M_{F,4} \times \gamma_F}\right) \times 100\% \tag{2-1}$$

式中　$\beta_{F,0}$——单掺时粉煤灰的反应程度，%；

　　　$M_{F,1}$——水化浆体的酸不溶物质量分数；

　　　$M_{F,2}$——水化浆体中化学结合水质量分数；

　　　$M_{F,3}$——水泥的酸不溶物质量分数；

　　　$M_{F,4}$——粉煤灰的酸不溶物质量分数；

　　　γ_C——粉煤灰水泥中水泥所占的质量分数；

　　　γ_F——粉煤灰水泥中粉煤灰的质量分数。

　　（2）与其他辅助性胶凝材料复合掺加时，修正后的粉煤灰反应程度测试公式见式（2-2）：

$$\beta_{F,1} = \left(1 - \dfrac{\dfrac{M_{F,1}}{1 - M_{F,2}} - M_{F,3} \times \gamma_C - M_{F,5} \times \gamma_S - M_{F,6} \times \gamma_{SS}}{M_{F,4} \times \gamma_F}\right) \times 100\%$$

$$\tag{2-2}$$

式中　$\beta_{F,1}$——复合掺加时粉煤灰的反应程度,%;

　　　　$M_{F,1}$——水化浆体的酸不溶物质量分数;

　　　　$M_{F,2}$——水化浆体中化学结合水质量分数;

　　　　$M_{F,3}$——水泥的酸不溶物质量分数;

　　　　$M_{F,4}$——粉煤灰的酸不溶物质量分数;

　　　　$M_{F,5}$——矿渣的酸不溶物质量分数;

　　　　$M_{F,6}$——钢渣的酸不溶物质量分数;

　　　　γ_C——复合水泥中水泥所占的质量分数;

　　　　γ_F——复合水泥中粉煤灰的质量分数;

　　　　γ_S——复合水泥中矿渣的质量分数;

　　　　γ_{SS}——复合水泥中钢渣的质量分数。

2.3.6.2　水泥中矿渣反应程度的测试

水泥中矿渣反应程度的测试选择 EDTA-碱溶液选择性溶解法是基于水泥及水泥中的水化产物一般溶于 EDTA-碱溶液,而矿渣则不溶于 EDTA-碱溶液的原理。因此,通过将水化后的水泥浆体试样溶解于 EDTA-碱溶液中,将过滤后的水泥残渣烘干至恒重后,将矿渣中溶解于 EDTA-碱溶液的部分扣除,同时扣除水泥中不溶于 EDTA-碱溶液的部分(复合掺加时要扣除其他辅助性胶凝材料中不溶于 ED-TA-碱溶液的部分),通过计算,即可得出矿渣反应程度测试结果。

(1) 单掺矿渣时,修正后的矿渣反应程度测试公式见式 (2-6):

$$\beta_{S,0} = \left(1 - \frac{\dfrac{M_{S,1}}{1 - M_{S,2}} - M_{S,3} \times \gamma_C}{M_{S,4} \times \gamma_S}\right) \times 100\% \tag{2-3}$$

式中　$\beta_{S,0}$——单掺时矿渣的反应程度,%;

　　　　$M_{S,1}$——水化浆体的 EDTA-碱溶液不溶物质量分数;

　　　　$M_{S,2}$——水化浆体中化学结合水质量分数;

　　　　$M_{S,3}$——水泥的 EDTA-碱溶液不溶物质量分数;

　　　　$M_{S,4}$——矿渣的 EDTA-碱溶液不溶物质量分数;

　　　　γ_C——矿渣水泥中水泥所占的质量分数;

　　　　γ_S——矿渣水泥中矿渣的质量分数。

(2) 与粉煤灰复合掺加时,修正后的矿渣反应程度测试公式见式 (2-7):

$$\beta_{S,1} = \left(1 - \frac{\dfrac{M_{S,1}}{1 - M_{S,2}} - M_{S,3} \times \gamma_C - M_{S,5} \times \gamma_F}{M_{S,4} \times \gamma_S}\right) \times 100\% \tag{2-4}$$

式中　$\beta_{S,1}$——复合掺加时矿渣的反应程度,%;

　　　　$M_{S,1}$——水化浆体的 EDTA-碱溶液不溶物质量分数;

$M_{S,2}$——水化浆体中化学结合水质量分数；

$M_{S,3}$——水泥的 EDTA-碱溶液不溶物质量分数；

$M_{S,4}$——矿渣的 EDTA-碱溶液不溶物质量分数；

$M_{S,5}$——粉煤灰的 EDTA-碱溶液不溶物质量分数；

γ_C——复合水泥中水泥所占的质量分数；

γ_S——复合水泥中矿渣的质量分数；

γ_F——复合水泥中粉煤灰的质量分数。

（3）与钢渣（或钢渣和粉煤灰）复合掺加时，修正后的矿渣反应程度测试按照式（2-8）计算：

$$\beta_{S,2} = \left(1 - \frac{\dfrac{M_{S,1}}{1 - M_{S,2}} - M_{S,3} \times \gamma_C - M_{S,5} \times \gamma_F - M_{S,6} \times \gamma_{SS}}{M_{S,4} \times \gamma_S}\right) \times 100\%$$

$$(2\text{-}5)$$

式中 $\beta_{S,2}$——复合掺加时矿渣的反应程度，%；

$M_{S,1}$——水化浆体的 EDTA-碱溶液不溶物质量分数；

$M_{S,2}$——水化浆体中化学结合水质量分数；

$M_{S,3}$——水泥的 EDTA-碱溶液不溶物质量分数；

$M_{S,4}$——矿渣的 EDTA-碱溶液不溶物质量分数；

$M_{S,5}$——粉煤灰的 EDTA-碱溶液不溶物质量分数；

$M_{S,6}$——单掺时相同掺量的钢渣的 EDTA-碱溶液不溶物质量分数；

γ_C——复合水泥中水泥所占的质量分数；

γ_S——复合水泥中矿渣的质量分数；

γ_F——复合水泥中粉煤灰的质量分数；

γ_{SS}——复合水泥中钢渣的质量分数。

2.3.6.3 水泥中钢渣反应程度的测试

水泥中钢渣的反应程度测试选择 EDTA-碱溶液选择性溶解法是基于水泥及水泥水化产物溶于 EDTA-碱溶液，钢渣中有 40% 左右的矿物不溶于 EDTA-碱溶液的原理。因此，通过将水化后的水泥浆体试样溶解于 EDTA-碱溶液中，将过滤后的残渣烘干至恒重，扣除钢渣中溶解于 EDTA-碱溶液的部分和水泥中不溶于 EDTA-碱溶液的部分（复合掺加时要扣除其他辅助性胶凝材料中不溶于 EDTA-碱溶液的部分），通过计算，即可得出钢渣的反应程度。

（1）单掺钢渣时，修正后的钢渣反应程度测试公式见式（2-6）：

$$\beta_{SS,0} = \left(1 - \frac{\dfrac{M_{SS,1}}{1 - M_{SS,2}} - M_{SS,3} \times \gamma_C}{M_{SS,4} \times \gamma_{SS}}\right) \times 100\%$$

$$(2\text{-}6)$$

式中　$\beta_{SS,0}$——单掺时钢渣的反应程度,%;

　　　$M_{SS,1}$——水化浆体的 EDTA-碱溶液不溶物质量分数;

　　　$M_{SS,2}$——水化浆体中化学结合水质量分数;

　　　$M_{SS,3}$——水泥的 EDTA-碱溶液不溶物质量分数;

　　　$M_{SS,4}$——钢渣的 EDTA-碱溶液不溶物质量分数;

　　　γ_C——钢渣水泥中水泥所占的质量分数;

　　　γ_{SS}——钢渣水泥中钢渣的质量分数。

（2）与粉煤灰复合掺加时,修正后的钢渣反应程度测试公式见式（2-7）:

$$\beta_{SS,1} = \left(1 - \frac{\dfrac{M_{SS,1}}{1 - M_{SS,2}} - M_{SS,3} \times \gamma_C - M_{SS,5} \times \gamma_F}{M_{SS,4} \times \gamma_{SS}}\right) \times 100\% \qquad (2\text{-}7)$$

式中　$\beta_{SS,1}$——复合掺加时钢渣的反应程度,%;

　　　$M_{SS,1}$——水化浆体的 EDTA-碱溶液不溶物质量分数;

　　　$M_{SS,2}$——水化浆体中化学结合水质量分数;

　　　$M_{SS,3}$——水泥的 EDTA-碱溶液不溶物质量分数;

　　　$M_{SS,4}$——钢渣的 EDTA-碱溶液不溶物质量分数;

　　　$M_{SS,5}$——粉煤灰的 EDTA-碱溶液不溶物质量分数;

　　　γ_C——复合水泥中水泥所占的质量分数;

　　　γ_{SS}——复合水泥中钢渣的质量分数;

　　　γ_F——复合水泥中粉煤灰的质量分数。

（3）与矿渣（或矿渣和粉煤灰）复合掺加时,修正后的钢渣反应程度测试按照式（2-8）计算:

$$\beta_{SS,2} = \left(1 - \frac{\dfrac{M_{SS,1}}{1 - M_{SS,2}} - M_{SS,3} \times \gamma_C - M_{SS,5} \times \gamma_F - M_{SS,6} \times \gamma_S}{M_{SS,4} \times \gamma_{SS}}\right) \times 100\%$$

$$(2\text{-}8)$$

式中　$\beta_{SS,2}$——复合掺加时矿渣的反应程度,%;

　　　$M_{SS,1}$——水化浆体的 EDTA-碱溶液不溶物质量分数;

　　　$M_{SS,2}$——水化浆体中化学结合水质量分数;

　　　$M_{SS,3}$——水泥的 EDTA-碱溶液不溶物质量分数;

　　　$M_{SS,4}$——钢渣的 EDTA-碱溶液不溶物质量分数;

　　　$M_{SS,5}$——粉煤灰的 EDTA-碱溶液不溶物质量分数;

　　　$M_{SS,6}$——单掺时相同掺量的矿渣的 EDTA-碱溶液不溶物质量分数;

　　　γ_C——复合水泥中水泥所占的质量分数;

　　　γ_S——复合水泥中矿渣的质量分数;

γ_F——复合水泥中粉煤灰的质量分数;

γ_{SS}——复合水泥中钢渣的质量分数。

2.3.7 氢氧化钙、结合水等测试方法

氢氧化钙的测定:采用热分析失重方法对水泥水化产物中的 $Ca(OH)_2$ 含量进行分析。$Ca(OH)_2$ 是水泥水化最主要的产物之一,一般水泥硬化浆体的热重有两个阶段的失水过程,第一个阶段发生在 $400 \sim 530℃$,第二个阶段是 $530 \sim 1000℃$ 的失重,其中第二个阶段的失重一般认为是由水泥碳化产生的碳酸钙分解和部分 C-S-H 凝胶分解产生,假定这部分失重有 2/3 是碳酸钙分解引起的,则水泥浆体中的 $Ca(OH)_2$ 含量可以按式(2-9)计算:

$$M_{Ca(OH)_2} = \frac{\left(\dfrac{m_1}{18} + \dfrac{2}{3} \times \dfrac{m_2}{44}\right) \times 74}{100} \times 100\% \tag{2-9}$$

式中 $M_{Ca(OH)_2}$——水化样品中 $Ca(OH)_2$ 的质量百分比,%;

m_1——样品 $400 \sim 530℃$ 时的失重,%;

m_2——样品在 $530 \sim 1000℃$ 的失重,%。

结合水含量测定:采取水泥水化速度法测定水泥硬化浆体的化学结合水,即在 1000℃ 保温煅烧至样品恒重进行测定。即水泥硬化浆体 t 时刻化学结合水含量 $=100\times$(干燥后水泥浆体质量−灼烧后水泥浆体质量)/灼烧后水泥浆体质量−水泥烧失量。采用此式计算时,注意对不同辅助性胶凝材料掺量的烧失量进行计算和换算。

2.4 本章小结

本章对本书试验研究中采用的原材料进行了分析和表征,并对所用设备及其型号进行了说明;同时,对采用的分析测试手段及反应程度计算方法也进行了详细阐述,为之后的试验研究提供了详细的表征手段和计算依据。

3 辅助性胶凝材料在水泥基材料中的反应程度

粉煤灰、矿渣和钢渣等辅助性胶凝材料在水泥中的反应程度在一定程度上反映了水泥的水化进程。大部分研究表明，水泥中掺入辅助性胶凝材料以后，水泥的早期强度均有或多或少不同程度的降低，这跟辅助性胶凝材料的早期水化反应慢有很大的关系。

含有辅助性胶凝材料的水泥，其水化过程包含两个相互关联的水化进程：熟料的水化反应和辅助性胶凝材料的反应。水泥水化初期，$Ca(OH)_2$作为水化产物逐渐被释放出来，辅助性胶凝材料的活性因为$Ca(OH)_2$的存在逐渐被激发并参与水化反应，$Ca(OH)_2$在水泥中也逐渐被慢慢消耗。如粉煤灰水泥水化过程中的火山灰反应，在粉煤灰水泥浆体中，火山灰反应的条件就是水泥孔溶液中的 pH 值要在 13.2 以上[52]，因此一般粉煤灰火山灰反应的起始时间在一周以后甚至更长。目前国内外对粉煤灰、矿渣的反应程度研究均集中在其掺量[79,80]对反应程度的影响、细度对反应程度的影响以及水灰比[80]对反应程度的影响等几个方面，而对钢渣在水泥中的反应程度目前并无统一的定论。

本章主要研究单掺和复掺矿渣、粉煤灰、钢渣三种辅助性胶凝材料时，其在水泥中不同龄期的反应程度。研究三种辅助性胶凝材料的掺量、粒径分布、水泥龄期对辅助性胶凝材料反应程度的影响。

3.1 实验方案

3.1.1 样品制备

将水泥、矿渣、粉煤灰、钢渣等在 105℃烘干至恒重，分别按照设定的配合比称取 100g 混合原料，加入 50g 水混合均匀，置于密封袋中封闭保存，放入水泥标准养护室内养护至测定龄期。

将养护至龄期的样品取出，再采取以下步骤：

（1）将硬化浆体敲碎，去除表面部分，取浆体碎块浸泡于异丙醇中 20min，再在无水乙醇中浸泡 24h；

（2）将样品从无水乙醇中取出，粉磨（在研磨过程中保证试样始终在无水乙醇中）至 80μm 筛余不超过 5%、烘干，再进行分散性粉磨，将试样保存在密封袋中，置于干燥器中保存，以备测试辅助性胶凝材料的反应程度以及热重分析测试等。

3.1.2 实验方案

实验采取分级后的粉煤灰和矿渣，其粒径分布分别为 $0\sim32\mu m$、$0\sim60\mu m$、$0\sim80\mu m$，三种矿渣的比表面积分别为 $562m^2/kg$、$473m^2/kg$、$367m^2/kg$，记为 SA、SB、SC；三种粉煤灰的比表面积为 $631m^2/kg$、$504m^2/kg$、$402m^2/kg$，记为 FA、FB、FC；钢渣采取三种不同的比表面积，比表面积分别为 $423.4m^2/kg$、$392.6m^2/kg$、$366.9m^2/kg$，记为 SSA、SSB、SSC。

水泥浆体的组成见表 3-1～表 3-4。

表 3-1 粉煤灰水泥浆体的配合比设计 （%）

样品	水泥	FA	FB	FC
F0	100	—	—	—
FA1	90	10	—	—
FA2	80	20	—	—
FA3	70	30	—	—
FA4	60	40	—	—
FA5	50	50	—	—
FB1	90	—	10	—
FB2	80	—	20	—
FB3	70	—	30	—
FB4	60	—	40	—
FB5	50	—	50	—
FC1	90	—	—	10
FC2	80	—	—	20
FC3	70	—	—	30
FC4	60	—	—	40
FC5	50	—	—	50

表 3-2　矿渣水泥浆体的配合比设计　　　　　（%）

样品	水泥	SA	SB	SC
S0	100	—	—	—
SA1	90	10	—	—
SA2	80	20	—	—
SA3	70	30	—	—
SA4	60	40	—	—
SA5	50	50	—	—
SB1	90	—	10	—
SB2	80	—	20	—
SB3	70	—	30	—
SB4	60	—	40	—
SB5	50	—	50	—
SC1	90	—	—	10
SC2	80	—	—	20
SC3	70	—	—	30
SC4	60	—	—	40
SC5	50	—	—	50

表 3-3　钢渣水泥浆体的配合比设计　　　　　（%）

样品	水泥	SSA	SSB	SSC
SS0	100	—	—	—
SSA1	90	10	—	—
SSA2	80	20	—	—
SSA3	70	30	—	—
SSA4	60	40	—	—
SSA5	50	50	—	—
SSB1	90	—	10	—
SSB2	80	—	20	—

样品	水泥	SSA	SSB	SSC
SSB3	70	—	30	—
SSB4	60	—	40	—
SSB5	50	—	50	—
SSC1	90	—	—	10
SSC2	80	—	—	20
SSC3	70	—	—	30
SSC4	60	—	—	40
SSC5	50	—	—	50

表 3-4　复合水泥浆体的配合比设计　　　　　　　（%）

样品	水泥	F2	S2	SS3
F-S1	50	10	40	—
F-S2	50	20	30	—
F-S3	50	30	20	—
F-S4	50	40	10	—
S-SS1	50	—	10	40
S-SS2	50	—	20	30
S-SS3	50	—	30	20
S-SS4	50	—	40	10
F-SS1	50	10	—	40
F-SS2	50	20	—	30
F-SS3	50	30	—	20
F-SS4	50	40	—	10
SFS-1	50	10	10	30
SFS-2	50	10	20	20
SFS-3	50	10	30	10
SFS-4	50	20	10	20

样品	水泥	F2	S2	SS3
SFS-5	50	20	20	10
SFS-6	50	30	10	10

3.1.3　反应程度修正方法

粉煤灰和矿渣的反应程度测试方法，采取《水泥组分的定量测定》（GB/T 12960—2007）进行测试，其中粉煤灰的反应程度采用盐酸溶解法，矿渣的反应程度采取 EDTA-碱溶液选择性溶解法进行测定，采取修正后的计算方法；钢渣的反应程度测定单掺时采取 EDTA-碱溶液选择性溶解法进行测定，与矿渣复合掺加时假定矿渣的反应程度为单掺时的反应程度进行计算。

3.2　EDTA 不溶物以及酸不溶物的含量

表 3-5 是水泥、矿渣、粉煤灰以及钢渣的 EDTA-碱溶液不溶物含量和酸不溶物含量测定结果。可以看出，水泥溶于 EDTA-碱溶液及酸溶液，而矿渣几乎不溶于 EDTA-碱溶液，钢渣 60% 左右溶于 EDTA-碱溶液，理论上可以采用 ED-TA-碱溶液的方法测定其反应程度；粉煤灰酸不溶物含量为 57.77%，微溶于酸溶液。

表 3-5　水泥及辅助性胶凝材料的 EDTA-碱溶液不溶物及酸不溶物含量　（%）

测定项目	水泥	矿渣	粉煤灰	钢渣
EDTA-碱溶液不溶物	2.05	90.25	7.25	40.62
酸不溶物	0.35	1.37	57.77	4.94

3.3　二元体系中辅助性胶凝材料的反应程度

3.3.1　水泥浆体中矿渣的反应程度

3.3.1.1　矿渣的比表面积对反应程度的影响

A　矿渣的粒径分布

对矿渣 SA、SB、SC 进行粒径分布测试，结果见表 3-6。对矿渣的分级实验是采用武汉理工大学研制的 FJM630 超细粉气流磨进行分级，从粒径分布结果来看，SA、SB、SC 的粒径范围分别集中在 0~32μm、0~60μm、0~80μm 范围内。

表 3-6　三种矿渣的粒径分布

样品	比表面积 /m² · kg⁻¹	颗粒粒径分布（体积分数）/%					
		0 ~ 10μm	10 ~ 20μm	20 ~ 32μm	32 ~ 45μm	45 ~ 60μm	>60μm
SA	592	66. 38	19. 30	11. 74	1. 08	1. 17	0. 33
SB	503	50. 48	16. 19	11. 69	10. 76	8. 86	2. 01
SC	397	36. 40	21. 65	13. 21	8. 18	5. 71	14. 85

B　矿渣的比表面积对反应程度的影响

物料的比表面积虽然并不代表物料的粒径分布是否合理，但在一定程度上可以反映物料颗粒粒径的变化。本实验的三种矿渣，当比表面积较大时，其细颗粒越多，颗粒粒径较小，粒径分布范围变窄，反之亦然。

辅助胶凝材料的比表面积对其在水泥中的反应程度有很大的影响。图 3-1 (a) ~ (c) 分别是水泥中矿渣掺量为 10%、30% 和 50% 时，不同比表面积的矿渣的反应程度。从图中可以看出，当矿渣掺量为 10% 时，其早期的反应程度均随比表面积的减少而降低，而其后期即大于 14d 后的反应程度，并未呈现这样的趋势，而是 SB 组的矿渣反应程度最高；当矿渣掺量为 30% 时，除了 3d 时矿渣的反应程度随比表面积增加而升高外，其他均为 SB 组的矿渣反应程度最高；矿渣掺量为 50% 时，基本上随矿渣的比表面积增加矿渣的反应程度升高，但是其 90d 时的反应程度也是 SB 组最高。这说明增加矿渣的比表面积，矿渣的早期水化程度会升高，可以有效改善水泥的早期性能；当矿渣在水泥中掺量较高时，增加矿渣的比表面积是提高其早期性能的有效手段；但过度地提高矿渣的比表面积，对其后期的反应程度反而起到反作用，究其原因，可能跟辅助性胶凝材料的颗粒分布有关，一般较细的颗粒在水化初期就可以参加水化反应，而细颗粒较多消耗了大量的氢氧化钙，致使后期矿渣中的粗颗粒活性难以被激发，因此，应当适当地控制矿渣的比表面积。本实验中，当矿渣的比表面积为 503m²/kg 时，从促进水泥和矿渣的水化程度来讲，此比表面积最佳。

3.3.1.2　矿渣掺量对反应程度的影响

矿渣作为辅助性胶凝材料掺加到水泥中去，除了矿渣的颗粒分布、比表面积对其反应程度有较大的影响外，其在水泥中的掺量对矿渣反应程度的影响也较大。

图 3-2 (a) ~ (c) 分别是矿渣在三种不同的粒径分布下，矿渣掺量对其在水泥中的反应程度的影响趋势图。从图中可以大致看出，无论矿渣的比表面积如何，无论是在水化早期（3d、7d）还是水化 28d 后，矿渣的掺量为 30% 时，水泥中矿渣的反应程度相对较高。一般情况下，矿渣作为辅助性胶凝材料加入到

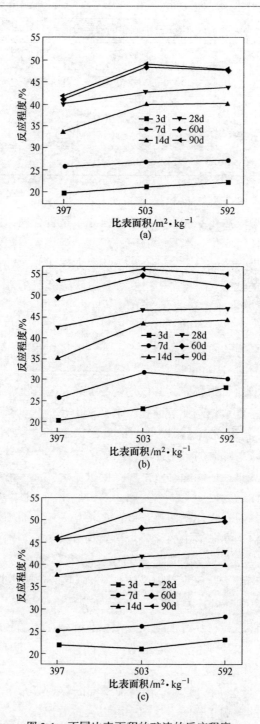

图 3-1　不同比表面积的矿渣的反应程度

（a）矿渣掺量 10%；（b）矿渣掺量 30%；（c）矿渣掺量 50%

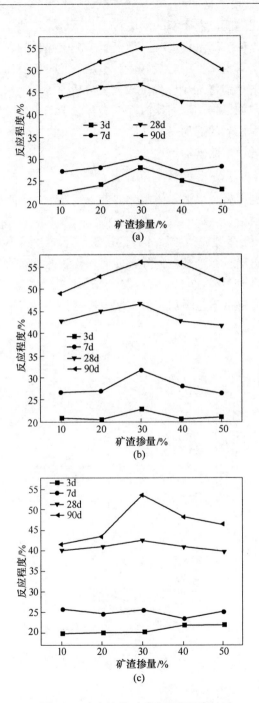

图 3-2 矿渣掺量对反应程度的影响

(a) SA；(b) SB；(c) SC

水泥中，矿渣对水泥性能以及矿渣的反应程度并不是完全独立的，也要受到水泥熟料性能的影响，当矿渣掺量较高时，相当于水泥中熟料的含量被稀释，水泥中的矿渣颗粒过多，熟料水化生成的氢氧化钙不足，此时矿渣的反应程度较低，关于为何掺量为 30% 时，矿渣的反应程度较高，分析原因可能跟矿渣和水泥之间的颗粒级匹配有关，但如果将矿渣的反应程度换算成水泥中矿渣的反应量（矿渣的反应程度乘以水泥中矿渣的掺加量），则水泥中矿渣的反应量即已反应矿渣的绝对数量随矿渣掺量的增加而增加。

3.3.1.3　龄期对矿渣反应程度的影响

矿渣加入到水泥中后，水泥浆体水化初期一般是水泥先水化，然后才是胶凝材料的反应即胶凝材料与水泥的二次水化反应。

图 3-3（a）～（c）是三种粒径分布的矿渣在不同掺量不同龄期的水化反应程度。从图中可以看出，无论其粒径分布如何、比表面积大小、掺加量多少，其在水化初期反应程度升高较多；从 3～14d，其水化程度增长较为迅速，28d 后，虽然矿渣的反应程度仍在不断增加，但其增长速度趋势趋于平缓。

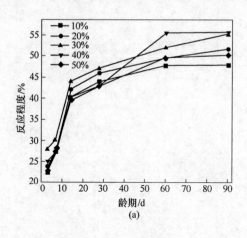

(a)

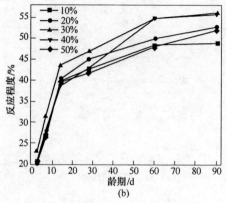

(b)

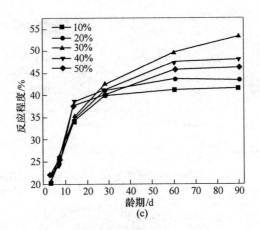

图 3-3 龄期对反应程度的影响

(a) SA; (b) SB; (c) SC

3.3.1.4 反应程度与龄期、比表面积的拟合关系

一般情况下，辅助胶凝材料的反应程度与龄期的拟合符合以下关系：

$$\beta(t) = a(t)^b \tag{3-1}$$

式中 $\beta(t)$ ——t 时刻辅助胶凝材料的反应程度；

t ——掺辅助胶凝材料的水泥浆体水化龄期，d；

a, b ——分别是与辅助性胶凝材料自身特性以及其在水泥中的掺量等相关的参数。

图 3-3 (a) ~ (c) 是三种比表面积的矿渣在不同掺量不同龄期的反应程度。按式 (3-1) 对图 3-3 中矿渣的反应程度与水泥浆体水化龄期以及矿渣的比表面积的变化规律进行拟合，拟合后的公式及相关参数见表 3-7 和表 3-8。其中，β_s (t) 代表 t 时刻矿渣的反应程度。从表 3-7 中可以看出，当矿渣的比表面积相同时，随着矿渣掺量的增加，拟合方程中的 a 值呈现先增加后减少的趋势，而 b 值变化趋势不明显。表 3-8 是三种不同粒径分布的矿渣掺量为 30% 时其反应程度与水化龄期的拟合方程，从表中可以看出，随着矿渣比表面积的减少，a 值逐渐减小，而 b 值逐渐增大，这说明在水化早期时，矿渣的比表面积越大越有利于矿渣的水化，随着龄期的延长，矿渣比表面积的促进作用越来越不明显（R 为确定系数，R^2 值越大，拟合方程相关度越高）。

表 3-7 矿渣掺量不同时矿渣的反应程度与龄期的拟合方程（SB 组）

编号	拟合方程	a	b	R^2
SB1	$\beta_s(t) = a(t)^b$	19.1261	0.2229	0.9190

续表 3-7

编号	拟合方程	a	b	R^2
SB2	$\beta_s(t) = a(t)^b$	18.4384	0.2451	0.9239
SB3	$\beta_s(t) = a(t)^b$	20.9588	0.2300	0.9206
SB4	$\beta_s(t) = a(t)^b$	17.2483	0.2716	0.9295
SB5	$\beta_s(t) = a(t)^b$	18.1726	0.2400	0.9228

表 3-8　矿渣比表面积不同时矿渣的反应程度与龄期的拟合方程

编号	拟合方程	a	b	R^2
SA3	$\beta_s(t) = a(t)^b$	23.2107	0.1989	0.9134
SB3	$\beta_s(t) = a(t)^b$	20.9588	0.2300	0.9206
SC3	$\beta_s(t) = a(t)^b$	16.0873	0.2736	0.9299

假设矿渣比表面积与 a 值的关系仍然符合 $a = c(S)^d$ 的关系，其中 S 为矿渣的比表面积，对矿渣的比表面积与 a 值进行拟合，得到拟合公式为 $a = 0.0740(S)^{0.9027}$，$R^2 = 0.9994$，则可以认为矿渣的反应程度与比表面积和龄期符合以下拟合方程：

$$\beta_s(t, S) = c(S)^d(t)^b \tag{3-2}$$

即：

$$\beta_s(t, S) = a(S)^b(t)^c \tag{3-3}$$

式中　a, b, c——与矿渣本身特性有关的系数；

　　　　S——矿渣的比表面积；

　　　　t——矿渣在水泥中水化的龄期，d；

　　$\beta_s(t, S)$——矿渣比表面积为 S，龄期为 t 时，矿渣的反应程度。

不同比表面积和龄期与反应程度的拟合方程见表 3-9，采用此拟合方程计算不同矿渣不同龄期的矿渣的反应程度，结果见表 3-10。从表中可以看出，采用式 (3-3) 对矿渣的反应程度进行拟合时，其早期（小于 14d）反应程度实测值均比拟合值要高，而 14d 之后的拟合值和实测值的规律不明显，均有或大或小的偏差，但一般误差范围不超过 5%。

表 3-9　矿渣的比表面积和龄期与反应程度的拟合方程

编号	拟合方程	a	b	c
SA3	$\beta_s(t, S) = a(S)^b(t)^c$	0.0740	0.9027	0.1989

续表 3-9

编号	拟合方程	a	b	c
SB3	$\beta_s(t,\ S) = a(S)^b(t)^c$	0.0740	0.9027	0.2300
SC3	$\beta_s(t,\ S) = a(S)^b(t)^c$	0.0740	0.9027	0.2736

表 3-10　矿渣的反应程度实测值与拟合值 　　　　（%）

样品	3d	7d	14d	28d	60d	90d
SA3-实测	27.98	30.15	43.96	46.98	52.10	55.18
SA3-拟合	29.30	34.66	39.79	45.67	53.14	57.62
SB3-实测	23.02	31.63	43.50	46.59	54.78	56.11
SB3-拟合	26.16	31.79	37.28	47.73	52.10	57.20
SC3-实测	20.09	25.72	35.12	42.38	49.53	53.45
SC3-拟合	22.16	27.95	33.79	40.84	50.31	56.21

由于对矿渣的掺量与式（3-1）中的 a 值的关系离散性较大，无法得到有效的拟合公式，因此本章不对单掺时矿渣反应程度与掺量进行拟合。

3.3.2　水泥浆体中粉煤灰的反应程度

3.3.2.1　粉煤灰的比表面积对反应程度的影响

A　粉煤灰的粒径分布

对粉煤灰 FA、FB、FC 进行粒径分布测试，结果见表 3-11。

表 3-11　三种粉煤灰的粒径分布

样品	比表面积 /m² · kg⁻¹	颗粒粒径分布（体积分数）/%					
		0~10μm	10~20μm	20~32μm	32~45μm	45~60μm	>60μm
FA	631	74.69	14.79	7.20	3.32	—	—
FB	504	67.61	16.90	6.65	3.28	5.33	0.23
FC	402	52.07	13.96	14.31	6.01	6.29	7.36

对粉煤灰的分级实验是采用武汉理工大学研制的 FJM630 超细粉气流磨进行分级，从粒径分布结果来看，FA、FB、FC 的粒径范围分别集中在 0~32μm、0~60μm、0~80μm 范围内。

B   粉煤灰的比表面积对反应程度的影响

粉煤灰作为辅助性胶凝材料时，由于粉煤灰发生火山灰反应需要一定的条件，因此，在水泥水化初期，粉煤灰几乎不参与水化反应，其火山灰反应一般发生在 7d 之后。

粉煤灰的比表面积及其粒径分布对粉煤灰在水泥中的反应程度也有很大的影响。图 3-4（a）～（c）分别是水泥中粉煤灰掺量为 10%、30% 和 50% 时，不同比表面积的粉煤灰的反应程度。从图中可以看出，无论粉煤灰掺量是 10%，还是掺量为 50% 时，其反应程度均随比表面积的降低而降低，且降低幅度较为明显，这说明增加粉煤灰的比表面积，是提高粉煤灰在水泥中的反应程度的有效手段。水泥水化初期，水泥水化产生的氢氧化钙量较少，不足以激发粉煤灰的二次反应，此时，依靠提高水泥比表面积的方法，可以加大粉煤灰在水泥中的接触面积，使其水化程度提高。

与矿渣相比，在同一粒径分布的粉煤灰的反应程度要远远低于矿渣，矿渣 3d 反应程度即可达到 20% 以上，而粉煤灰 3d 的反应程度很低，几乎可以忽略不计，这与矿渣和粉煤灰自身的特性有关。

3.3.2.2   粉煤灰掺量对反应程度的影响

同矿渣一样，粉煤灰的掺量也对其在水泥中的反应程度影响较大。图 3-5（a）～（c）分别是三种不同比表面积和粒径分布的粉煤灰在掺量不同时水泥浆体中粉煤灰的反应程度趋势图。

从图中可以看出，无论粉煤灰的比表面积是大是小，随着粉煤灰掺量的增加，水泥浆体中粉煤灰的反应程度呈现逐渐降低的趋势，但如果将粉煤灰的反应程度换算成水泥中粉煤灰的反应量（粉煤灰的反应程度乘以水泥中粉煤灰的掺加量），则水泥中粉煤灰的反应量即已反应粉煤灰的绝对数量随其掺量的增加而增加。跟矿渣不同的是，粉煤灰并未出现在中间某一个掺量时，反应程度最高的结果。但是，有研究表明，粉煤灰也存在一个合理的比表面积和掺量范围，当比表面积（掺量）过高或过低时，其反应程度包括反应程度增进率均比合理比表面积（掺量）范围内的粉煤灰的反应程度低，应该是因为和水泥熟料颗粒匹配是否合理造成的，此外，过大的比表面积会使一些细小的颗粒团聚在一起，对粉煤灰的水化进程造成阻碍，起到消极的效果。

水泥中粉煤灰的掺量对粉煤灰的反应程度的影响，从 3d 时来讲，影响较大，掺量为 10% 时粉煤灰的反应程度相比掺量为 50% 时，其水化程度最高可以相差一倍以上。

3.3.2.3   龄期对粉煤灰反应程度的影响

粉煤灰掺加到水泥中，水泥的水化进程分为两部分，首先是水泥的水化，当

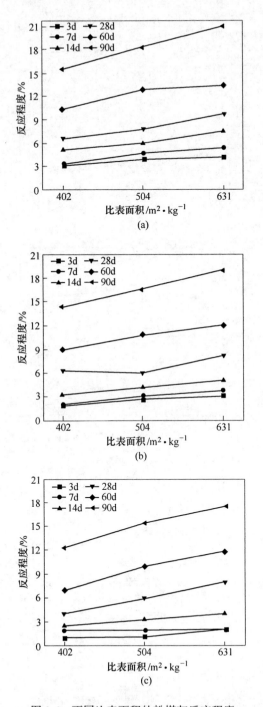

图 3-4　不同比表面积的粉煤灰反应程度

（a）粉煤灰掺量 10%；（b）粉煤灰掺量 30%；（c）粉煤灰掺量 50%

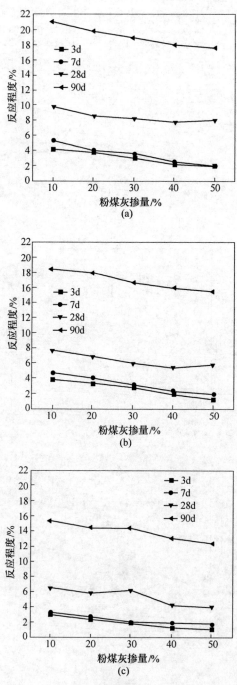

图 3-5　粉煤灰掺量对反应程度的影响

(a) FA；(b) FB；(c) FC

水泥水化到一定程度，达到一定条件时，粉煤灰发生水化反应，即粉煤灰的火山灰效应。

图 3-6（a）～（c）是三种粒径分布的粉煤灰在不同掺量不同龄期的水化反应程度。从图中可以看出，无论粉煤灰比表面积大小，掺加量多少，粉煤灰的水化程度均随着龄期的延长逐渐升高，跟矿渣不同的是，粉煤灰前 7d 的水化程度增长较为缓慢，即使是 28d 后，粉煤灰的水化程度仍在不断的增加，甚至有研究表明，1 年后粉煤灰的水化反应仍在进行，而矿渣 90d 后，其反应程度已经增长极其缓慢。

3.3.2.4　粉煤灰的反应程度与龄期及比表面积、掺量的拟合关系

尽管从图 3-6 宏观观测，似乎粉煤灰的反应程度跟龄期呈现一种近似于直线的拟合关系，但同矿渣一样，粉煤灰作为辅助胶凝材料的反应程度与龄期的拟合也符合以下关系：

$$\beta_f(t) = a(t)^b \qquad\qquad (3-4)$$

式中　　$\beta_f(t)$ ——t 时刻辅助胶凝材料的反应程度；

　　　　t——掺辅助胶凝材料的水泥浆体水化龄期，d；

　　　　a，b——分别是与辅助性胶凝材料自身特性以及其在水泥中的掺量等相
　　　　　　　　关的参数。

按式（3-4）对图 3-6 中三种比表面积和粒径分布的粉煤灰在不同掺量时其随龄期的变化规律进行拟合，拟合后的公式及相关参数见表 3-12 和表 3-13，其中 $\beta_f(t)$ 代表 t 时刻粉煤灰的反应程度。从表 3-12 中可以看出，当粉煤灰的比表面积相同时，随着粉煤灰掺量的增加，拟合方程中的 a 值呈现逐渐降低的趋势，而 b 值逐渐升高，这说明在水化早期时，粉煤灰掺量对反应程度的影响较大，粉煤灰掺加量越大，越不利于粉煤灰的早期水化；随着水化龄期的增加，粉煤灰掺量对其反应程度的影响越来越弱。表 3-13 是三种不同粒径分布的粉煤灰在掺量

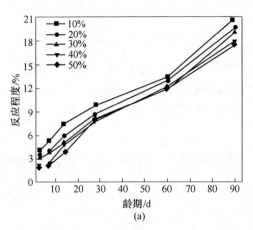

(a)

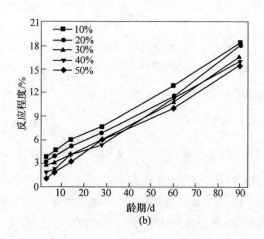

(b)

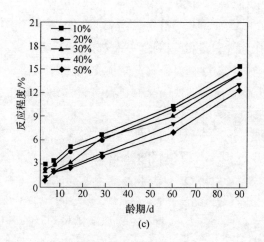

(c)

图 3-6　龄期对反应程度的影响

(a) FA；(b) FB；(c) FC

为 30%时其反应程度与水化龄期的拟合方程，从表中可以看出，随着粉煤灰比表面积的减少，a 值也逐渐减小，而 b 值逐渐增大，这说明在水化早期时，粉煤灰的比表面积越大越有利于矿渣的水化，即比表面积的增加有利于水化程度的增加，随着水化龄期的延长，粉煤灰比表面积的增加对其水化反应程度的促进作用越来越不明显。

表 3-12　比表面积不同时粉煤灰反应程度与龄期的拟合方程

编号	拟合方程	a	b	R^2
FB1	$\beta_f(t) = a(t)^b$	1.3372	0.5698	0.9713

编号	拟合方程	a	b	R^2
FB2	$\beta_f(t) = a(t)^b$	0.8882	0.6533	0.9776
FB3	$\beta_f(t) = a(t)^b$	0.59134	0.7300	0.9820
FB4	$\beta_f(t) = a(t)^b$	0.4243	0.8030	0.9853
FB5	$\beta_f(t) = a(t)^b$	0.3279	0.8511	0.9870

表 3-13　掺量不同时粉煤灰的反应程度与龄期的拟合方程

编号	拟合方程	a	b	R^2
FA3	$\beta_f(t) = a(t)^b$	0.8850	0.6686	0.9786
FB3	$\beta_f(t) = a(t)^b$	0.59134	0.7300	0.9820
FC3	$\beta_f(t) = a(t)^b$	0.4687	0.7509	0.9830

和矿渣不同，此时粉煤灰比表面积与 a 值的关系不再符合 $\beta(t) = a(t)^b$ 的关系，而是基本符合一元线性方程（可能跟研究的比表面积的个数太少有关）关系，因此采用下式进行拟合：

$$a = cS + d \tag{3-5}$$

式中　S——粉煤灰的比表面积。

对粉煤灰的比表面积与 a 值进行拟合，得到拟合公式为：

$a = 0.00184S - 0.2932$，$R^2 = 0.9856$，则可以认为粉煤灰的反应程度与比表面积和龄期符合以下拟合方程：

$$\beta_f(t, S) = (cS + d)(t)^b \tag{3-6}$$

即：

$$\beta_f(t, S) = (aS + b)(t)^c \tag{3-7}$$

式中　a，b，c——与粉煤灰本身特性有关的系数；

　　　　S——粉煤灰的比表面积；

　　　　t——粉煤灰在水泥中水化的龄期，d；

　　$\beta_f(t, S)$——粉煤灰比表面积为 S，龄期为 t 时，水泥浆体中粉煤灰的反应程度。

不同比表面积和龄期与粉煤灰反应程度的拟合方程见表 3-14，采用此拟合方程计算不同比表面积的粉煤灰不同龄期的矿渣的反应程度，结果见表 3-15。从表中可以看出，采用式（3-6）对粉煤灰的反应程度进行拟合时，其早期反应程度拟合值与测定值相差较小，且比表面积越大时，实测值与拟合值接近度越高，当比表面积较小时，其误差较大，可能跟研究的比表面积个数太少有关，但误差范围均不超过 5%。

表 3-14　粉煤灰的比表面积和龄期与反应程度的拟合方程

编号	拟合方程	a	b	c
FA3	$\beta_f(t, S) = (aS + b)(t)^c$	0.00184	−0.2932	0.6686
FB3	$\beta_f(t, S) = (aS + b)(t)^c$	0.00184	−0.2932	0.7300
FC3	$\beta_f(t, S) = (aS + b)(t)^c$	0.00184	−0.2932	0.7509

表 3-15　粉煤灰水泥浆体的反应程度实测值与拟合值　　　　　　（%）

样品	3d	7d	14d	28d	60d	90d
FA3-实测	3.01	3.67	4.98	8.21	12.05	19.02
FA3-拟合	1.81	3.18	5.07	8.05	13.40	17.58
FB3-实测	2.68	3.06	4.12	6.01	10.76	16.61
FB3-拟合	1.32	2.33	3.70	5.89	9.79	12.85
FC3-实测	1.87	2.01	3.17	6.21	9.01	14.38
FC3-拟合	0.93	1.63	2.61	4.14	6.90	9.01

对粉煤灰比表面积与式（3-4）中 a 值的关系按照 $y = ax^b$ 的关系进行拟合，得到拟合公式为：

$a = 8.3350\gamma^{-0.7847}$，$R^2 = 0.9618$，则可以认为粉煤灰的反应程度与掺量和龄期符合以下拟合方程：

$$\beta_f(t, \gamma) = c\gamma^d(t)^b \tag{3-8}$$

即：

$$\beta_f(t, \gamma) = a\gamma^b(t)^c \tag{3-9}$$

其中　a，b，c——与粉煤灰本身特性有关的系数；

　　　　γ——粉煤灰在水泥中掺加量；

　　　　t——粉煤灰在水泥中水化的龄期，d；

　　$\beta_f(t, \gamma)$——粉煤灰掺量为 γ，龄期为 t 时，水泥浆体中粉煤灰的反应程度。

不同掺量和龄期与粉煤灰反应程度的拟合方程见表 3-16，采用此拟合方程计算不同掺量时的粉煤灰不同龄期的反应程度，结果见表 3-17。从表中可以看出，采用式（3-9）对粉煤灰反应程度进行拟合时，其早期反应程度和后期反应程度均拟合较好，相较而言，掺量较小时，早期反应程度的拟合值与测定值相差较大，当掺量增加，水化龄期延长，其实测值与拟合值接近度越低。

表 3-16 粉煤灰的掺量和龄期与反应程度的拟合方程

编号	拟合方程	a	b	c
FB1	$\beta_f(t, \gamma) = a\gamma^b(t)^c$	8.3350	−0.7847	0.5698
FB2	$\beta_f(t, \gamma) = a\gamma^b(t)^c$	8.3350	−0.7847	0.6533
FB3	$\beta_f(t, \gamma) = a\gamma^b(t)^c$	8.3350	−0.7847	0.7300
FB4	$\beta_f(t, \gamma) = a\gamma^b(t)^c$	8.3350	−0.7847	0.8030
FB5	$\beta_f(t, \gamma) = a\gamma^b(t)^c$	8.3350	−0.7847	0.8511

表 3-17 粉煤灰水泥浆体的反应程度实测值与拟合值　　　　　　　（%）

样品	3d	7d	14d	28d	60d	90d
FB1-实测	3.83	4.67	6.01	7.73	12.87	18.38
FB1-拟合	2.56	4.14	6.16	9.13	14.10	17.77
FB2-实测	3.35	3.99	5.00	6.87	11.45	18.02
FB2-拟合	1.63	2.83	4.45	7.00	11.52	15.02
FB3-实测	2.68	3.06	4.12	6.01	10.76	16.61
FB3-拟合	1.28	2.39	3.96	6.58	11.48	15.43
FB4-实测	1.77	2.23	3.98	5.35	11.20	16.00
FB4-拟合	1.12	2.20	3.84	6.69	12.35	17.10
FB5-实测	1.09	1.89	3.14	5.78	10.01	15.47
FB5-拟合	0.98	2.02	3.65	6.59	12.62	17.82

　　将粉煤灰的比表面积和掺量、龄期与粉煤灰反应程度进行拟合，可得以下拟合方程：

$$\beta_f(t, S, \gamma) = (aS + b)^{1/2}\gamma^{c}(t)^{d} \tag{3-10}$$

式中　a, b, c, d——与粉煤灰本身特性有关的系数；

　　　　γ——粉煤灰在水泥中掺加量；

　　　　t——粉煤灰在水泥中水化的龄期，d；

　　　　S——粉煤灰的比表面积；

　　　$\beta_f(t, S, \gamma)$——粉煤灰的比表面积为 S，掺量为 γ，龄期为 t 时，水泥浆体中粉煤灰反应程度。

以粉煤灰比表面积为 504m²/kg，掺量 30% 为例，此时，其拟合方程为：

$$\beta_f(t,\ S,\ \gamma) = (0.01534S - 2.4438)^{1/2}\gamma^{-0.39235}(t)^{0.7300}$$

按照此拟合方程计算的粉煤灰比表面积为 504m²/kg，掺量 30%，各反应龄期的反应程度拟合值与实测值见表 3-18。从结果来看，拟合效果较单纯的与比表面积或掺量相拟合的结果要好，无论是早期反应程度还是后期反应程度，拟合结果较为理想。

表 3-18　粉煤灰水泥浆体的反应程度实测值与拟合值　　　　　　（%）

样品	3d	7d	14d	28d	60d	90d
FB3-实测	2.68	3.06	4.12	6.01	10.76	16.61
FB3-拟合	1.35	2.50	4.15	6.89	12.02	16.17

3.3.3　水泥浆体中钢渣的反应程度

3.3.3.1　钢渣的比表面积对反应程度的影响

A　钢渣的粒径分布

对钢渣加入石膏后，分别粉磨 75min、60min 和 45min，记为 SSA、SSB、SSC，对其过 9mm 筛后进行粒径分布和比表面积测试，结果见表 3-19。因为没有采用分选机进行分选，再加上钢渣本身较为难磨，从表中可以看出，钢渣的比表面积相对采用分选机分选的矿渣和粉煤灰而言要小一些，颗粒分布也较为分散。

表 3-19　三种钢渣的粒径分布

样品	比表面积 /m² · kg⁻¹	颗粒粒径分布（体积分数）/%			
		<3μm	3~32μm	32~60μm	>60μm
SSA	423	26.62	56.32	14.73	2.33
SSB	392	20.51	54.03	18.01	10.45
SSC	367	15.32	47.74	26.58	10.36

B　钢渣的比表面积对反应程度的影响

钢渣作为辅助性胶凝材料，属于活性较不易激发的一类材料，尽管理论上钢渣中含有大量的水泥矿物，但其中也含有部分较难水化的钙镁橄榄石以及一些含铁相物质，因此一般认为其水化活性较低。

钢渣的比表面积及其粒径分布对钢渣在水泥中的反应程度的影响具体见图

3-7(a)~(c)。图 3-7 是水泥中钢渣掺量分别为 10%、30%和 50%时，不同比表面积的钢渣的反应程度。从图中可以看出，无论钢渣掺量是多少，其反应程度均随比表面积的降低而降低，且降低幅度较为明显，这说明增加钢渣的比表面积，也是提高钢渣在水泥中的反应程度的有效手段。

与矿渣、粉煤灰的反应程度相比，钢渣的早期反应程度要高于粉煤灰，低于矿渣。但是关于钢渣反应程度的测定方法存在一个问题，因为钢渣中存在 60%左右的硅酸盐相，在测定钢渣的反应程度时，这部分被忽略不计，但实际上其在水泥中也参与了反应。因此，实际上钢渣的反应程度应该要比以 EDTA-碱溶液测定不溶物来计算钢渣的反应程度高得多。

3.3.3.2　钢渣掺量对反应程度的影响

钢渣的掺量对其在水泥浆体中的反应程度也有一定的影响。图 3-8（a）~（c）分别是三种不同比表面积和粒径分布的钢渣在掺量不同时水泥浆体中钢渣的反应程度趋势图。从图中可以看出，三种比表面积的钢渣加入到水泥中时，随着钢渣掺量的增加，钢渣的反应程度呈现逐渐降低的趋势，所不同的是，随着比表面积的降低，掺量对反应程度的影响越来越明显。当钢渣的比表面积为 423.4m²/kg 时，无论是水化早期还是水化后期，钢渣的反应程度随掺量的增加降低趋势较为平缓，而当钢渣比表面积为 366.9m²/kg，明显可以看出钢渣的反应程度随掺量的增加降低程度较高。如果将钢渣的反应程度换算成水泥中钢渣的反应量（钢渣的反应程度乘以水泥中钢渣的掺加量），则水泥中钢渣的反应量即已反应钢渣的绝对数量随其掺量的增加而增加。实验中研究的三种比表面积的钢渣跟粉煤灰的变化趋势相同，同样并未出现在中间某一个掺量时反应程度最高这样的实验的结果。

3.3.3.3　龄期对钢渣反应程度的影响

钢渣掺加到水泥中时，其早期反应程度较低，但是相对于粉煤灰来讲，其 3d 反应程度要高一些。

图 3-9（a）~（c）是三种比表面积的钢渣在不同掺量不同龄期的水化反应程度。从图中可以看出，三种比表面积的钢渣随龄期的变化趋势和矿渣近似相同，即不论钢渣的粒径分布如何，比表面积大小，掺加量多少，其水化早期，从 3d 到 28d，反应程度升高较快，水化后期，其反应程度增长较为缓慢。而粉煤灰的反应程度却是 7d 的水化程度增长较为缓慢，7d 后，增速稍快，甚至 1 年后粉煤灰的水化反应仍在进行。分析原因，除了跟粉煤灰、矿渣、钢渣的特性有关外，可能跟钢渣的反应程度、测试方法也有一定的关系，可能钢渣 28d 时，钢渣中除了硅酸盐矿物外，其他能够反应的成分已经反应到一定程度，因此，即使水化龄期延长，通过 EDTA-碱溶液来测定其不溶物的含量已达到一定的极限。

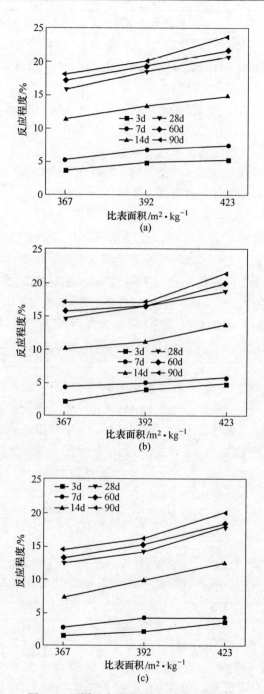

图 3-7　不同比表面积的钢渣的反应程度

(a) 钢渣掺量为 10%；(b) 钢渣掺量为 30%；(c) 钢渣掺量为 50%

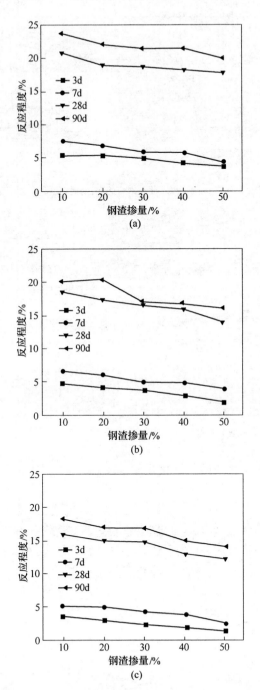

图 3-8   水泥浆体中钢渣掺量不同时钢渣的反应程度

（a）SSA；（b）SSB；（c）SSC

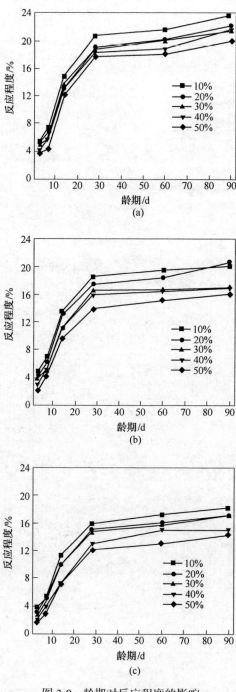

图 3-9 龄期对反应程度的影响

(a) SSA; (b) SSB; (c) SSC

3.3.3.4 钢渣的反应程度与龄期及比表面积、掺量的拟合关系

钢渣作为辅助性胶凝材料，其反应程度与龄期的拟合也符合以下关系：

$$\beta_{ss}(t) = a(t)^b \tag{3-11}$$

式中 $\beta_{ss}(t)$ ——t 时刻钢渣的反应程度；

  t——掺钢渣的水泥浆体水化龄期，d；

  a，b——分别是与钢渣作为辅助性胶凝材料自身特性以及其在水泥中的掺量等相关的参数。

按式（3-11）对图 3-9 中三种比表面积和粒径分布的钢渣在不同掺量时其随龄期的变化规律进行拟合，拟合后的公式及相关参数见表 3-20 和表 3-21。从表 3-20 中可以看出，当钢渣的比表面积相同时，随着其掺量的增加，拟合方程中的 a 值逐渐降低，b 值逐渐升高，这说明在水化早期，钢渣掺量对反应程度的影响较大，钢渣掺量越多，越不利于钢渣早期水化；随着水化龄期的增加，钢渣掺量对水泥浆体中钢渣的反应程度的影响越来越弱。表 3-21 是三种不同比表面积的钢渣在掺量为 30% 时其反应程度与水化龄期的拟合方程，从表中可以看出，随着钢渣比表面积的降低，a 值也逐渐减小，b 值逐渐增大，这说明在水化早期时，钢渣的比表面积越大越有利于矿渣的水化，即比表面积的增加有利于水化程度的增加，随着水化龄期的延长，钢渣比表面积的增加对钢渣水化反应程度的促进作用越来越不明显。

表 3-20 掺量不同时钢渣的反应程度与龄期的拟合方程

编号	拟合方程	a	b	R^2
SSB1	$\beta_{ss}(t) = a(t)^b$	4.7231	0.3430	0.9429
SSB2	$\beta_{ss}(t) = a(t)^b$	4.1424	0.3693	0.9573
SSB3	$\beta_{ss}(t) = a(t)^b$	3.8151	0.3563	0.9452
SSB4	$\beta_{f}(t) = a(t)^b$	3.5827	0.3680	0.9171
SSB5	$\beta_{ss}(t) = a(t)^b$	2.7654	0.4107	0.9635

表 3-21 比表面积不同时钢渣的反应程度与龄期的拟合方程

编号	拟合方程	a	b	R^2
SSA3	$\beta_{ss}(t) = a(t)^b$	4.3433	0.3726	0.9678
SSB3	$\beta_{ss}(t) = a(t)^b$	3.8151	0.3563	0.9452
SSC3	$\beta_{ss}(t) = a(t)^b$	2.8878	0.4135	0.9539

设矿渣的掺量为 γ，其相对于水泥的比例为 $\gamma/(1-\gamma)$，则将 a 值与 $\gamma/(1-$

γ）进行拟合，得到拟合公式为：

$$a = 3.0939[\gamma/(1-\gamma)]^{-0.2018} \tag{3-12}$$

$R^2 = 0.8023$，则可以认为钢渣的反应程度与掺量和龄期符合以下拟合方程：

$$\beta_{ss}(t, \gamma) = c[\gamma/(1-\gamma)]^d(t)^b \tag{3-13}$$

即：

$$\beta_{ss}(t, \gamma) = a[\gamma/(1-\gamma)]^b(t)^c \tag{3-14}$$

式中　a, b, c——与粉煤灰本身特性有关的系数；

　　　　γ——钢渣的比表面积；

　　　　t——钢渣在水泥中水化的龄期，d；

　　$\beta_{ss}(t, \gamma)$——钢渣掺量为 γ，龄期为 t 时，水泥浆体中钢渣的反应程度。

　　和粉煤灰一样，此时钢渣的比表面积与式（3-11）中 a 值的关系基本符合一元线性方程关系（可能跟研究的比表面积的个数太少有关），因此也采用下式进行拟合：

$$a = dS + e \tag{3-15}$$

式中，S 为钢渣的比表面积；d 为与钢渣本身特性有关的系数。对钢渣的比表面积与 a 值进行拟合，得到拟合公式为：$a = 13.8957 - 0.0259S$，$R = -0.8945$，则可以认为钢渣的反应程度与比表面积和龄期符合以下拟合方程：

$$\beta_{ss}(t, S) = (dS + e)(t)^f \tag{3-16}$$

　　将式（3-14）与式（3-16）进行结合，可得：

$$\beta_{ss}(t, S, \gamma) = (aS + b)^{1/2}(t)^c[\gamma/(1-\gamma)]^d$$

式中　a, b, c, d——与钢渣本身特性有关的系数；

　　　　γ——钢渣在水泥中掺加量；

　　　　t——钢渣在水泥中水化的龄期，d；

　　　　S——钢渣的比表面积；

　　$\beta_{ss}(t, S, \gamma)$——钢渣比表面积为 S，掺量为 γ，龄期为 t 时，水泥浆体中钢渣的反应程度。

　　以钢渣比表面积为 392.6m²/kg，掺量 30% 为例，此时，其拟合方程为：

$$\beta_{ss}(t, S, \gamma) = (42.9919 - 0.0801S)^{1/2}(t)^{0.3563}[\gamma/(1-\gamma)]^{-0.1014}$$

$$\tag{3-17}$$

　　按照此拟合方程计算的钢渣比表面积为 392.6m²/kg，掺量 30%，各反应龄期的反应程度拟合值与实测值见表 3-22。从结果来看，拟合效果较好，无论是早期反应程度还是后期反应程度，拟合结果较为理想。

表 3-22　钢渣水泥浆体的反应程度实测值与拟合值　　　　（%）

样品	3d	7d	14d	28d	60d	90d
SSB3-实测	3.89	5.05	11.09	16.53	16.58	17.03
SSB3-拟合	5.47	7.40	9.48	12.13	15.92	18.38

3.4　三元体系中辅助性胶凝材料的反应程度

　　一般实际应用中，很少将一种辅助性胶凝材料掺加到水泥中，往往是将两种或几种辅助性胶凝材料混合掺加到水泥中去，但是其复合掺加的水化机理目前研究的较少，本节就矿渣、粉煤灰、钢渣作为辅助性胶凝材料双掺到水泥中，其各自的反应程度进行了研究。本部分实验采用的粉煤灰、矿渣和钢渣分别为粉煤灰FB、矿渣 SB 和钢渣 SSB。

3.4.1　粉煤灰—矿渣—熟料体系

　　粉煤灰和矿渣作为较为常见的辅助性胶凝材料，一般两者常一起作为混合材或辅助性胶凝材料加入到水泥中去。

　　图 3-10（a）和（b）是粉煤灰和矿渣复合掺加到水泥中时，粉煤灰和矿渣的反应程度与其在水泥中掺量的关系图。从图中可以看出，随着粉煤灰掺量的增加，粉煤灰的反应程度有所降低；与粉煤灰作为辅助胶凝材料单掺到水泥中时的反应程度相比，无论是早期水化反应程度还是后期粉煤灰的反应程度，均有不同程度的增加。对矿渣的反应程度，相对于单掺时同种掺量的矿渣而言，其反应程度也有所增加。粉煤灰和矿渣的反应程度比单掺时高的原因，可能有两方面：一方面，可能跟复合掺加时，测定矿渣和粉煤灰的反应程度的方法误差有所偏大有关；另一方面，应该跟两种辅助性胶凝材料复掺产生的复合效应有关。

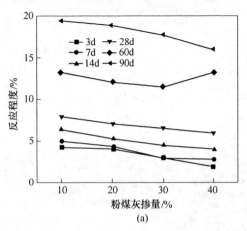

(a)

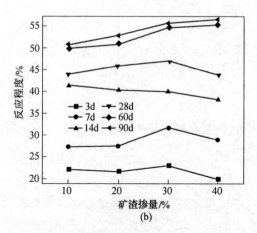

图 3-10　复合水泥体系中粉煤灰和矿渣的反应程度

（a）粉煤灰反应程度；（b）矿渣的反应程度

粉煤灰在 28d 前反应较慢，后期相对水化前期而言仍然有较快的反应速度；而矿渣在水化 28d 后几乎一半的矿渣已经反应完毕，后期反应程度增长缓慢，这跟两者本身的特性有很大的关系。

3.4.2　粉煤灰—钢渣—熟料体系

粉煤灰和钢渣两者本身活性就较低，复合掺加到水泥中时相对矿渣和粉煤灰复合掺加有所不同。

图 3-11（a）和（b）是粉煤灰和钢渣复合掺加到水泥中时，粉煤灰和钢渣的反应程度与其在水泥中掺量和龄期的关系图。从图中可以看出，随着粉煤灰掺量的增加，无论是水化早期还是后期，粉煤灰的反应程度仍然呈现下降的趋势，且与粉煤灰作为辅助胶凝材料单掺到水泥中时的反应程度相比，其早期反应

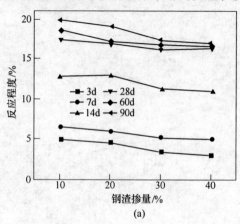

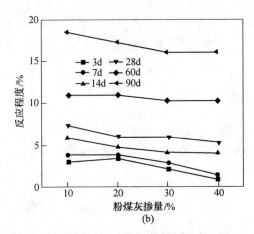

图 3-11 复合水泥体系中粉煤灰和钢渣的反应程度
(a) 钢渣的反应程度; (b) 粉煤灰的反应程度

程度不仅没有升高, 反而有所降低, 后期的反应程度与单掺时相变差别不大。但钢渣的早期反应程度却比单掺钢渣时要高, 后期相差不大。究其原因, 可能跟粉煤灰火山灰反应需要的条件有关, 钢渣在反应初期, 消耗的部分水泥反应产物, 导致粉煤灰的反应变缓, 反映到数据中, 就是其反应程度降低。同样, 粉煤灰在28d 前反应较慢, 后期相对水化前期而言仍然有较快的反应速度; 而钢渣在水化60d 后, 反应程度增长缓慢。

3.4.3 钢渣—矿渣—熟料体系

钢渣和矿渣复合掺加到水泥中, 一般可以有效改善水泥的性能。有研究表明二者在一定程度上可以互相激发, 产生双掺效应。

图 3-12 (a) 和 (b) 是矿渣和钢渣复合掺加到水泥中时, 矿渣和钢渣的反应程度与其在水泥中掺量和龄期的关系图。从图中可以看出, 随着钢渣掺量的增加, 钢渣的反应程度呈现下降的趋势, 但是其与单掺时相比, 钢渣的反应程度明显增加。矿渣的变化趋势基本上是水化前期随掺量的增加反应程度降低, 后期随掺量的增加, 反应程度有所升高, 且相对而言, 比单掺矿渣时矿渣的反应程度相比, 复合掺加更有利于矿渣反应程度的提高。钢渣反应 28d 后反应速率逐渐变缓, 60d 后, 几乎增长很少, 原因仍然可能是其 28d 时, 用 EDTA-碱溶液的测试方法测定其反应程度受到限制, 有可能钢渣本身含有的水泥矿物仍在水化, 但是用此方法无法测出其硅酸盐矿物的水化程度。

尤其是两者复合掺加对其反应程度进行测定时, 因为采用的是同一种方法, 因此在计算时, 首先将矿渣的反应程度设为和单掺时一样, 此时计算钢渣的反应程度; 计算矿渣的反应程度时, 也采取相同的方法, 这样的结果导致数据测试有

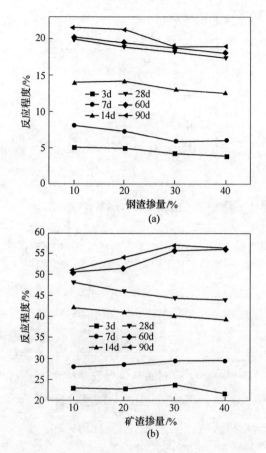

图 3-12　复合水泥体系中矿渣和钢渣的反应程度
(a) 钢渣的反应程度; (b) 矿渣的反应程度

所偏差, 可能会导致钢渣和矿渣的反应程度计算结果有所偏大。

3.5　四元体系中辅助性胶凝材料的反应程度

将钢渣、粉煤灰和矿渣复合掺加到水泥中去, 其变化趋势更加复杂。表 3-23 是四元体系中粉煤灰、矿渣和钢渣的反应程度测试结果。

从表中基本可以看出, 随着粉煤灰掺量的升高, 其在水泥中的反应程度降低, 当粉煤灰掺量一定时, 体系中矿渣掺量较高时, 有利于提高粉煤灰的反应程度, 而钢渣含量较高时, 对粉煤灰的反应程度存在负面效应; 钢渣的反应程度变化规律和粉煤灰基本相同。而矿渣除了掺量增加, 反应程度降低外, 其在粉煤灰、钢渣存在时, 反应程度均较高, 两者均对矿渣的反应程度有促进作用。如果不考虑实验测试方法造成的误差, 将复掺时三者的反应程度累积相加, 要远远高于各自在单掺时的反应程度, 从这一方面讲, 复合掺加有利于辅助性胶凝材料的水化反应。

表 3-23 四元体系中辅助性胶凝材料的反应程度　　　（%）

样品	3d	7d	14d	28d	60d	90d
SFS-1（F）	3.35	4.12	5.98	7.21	12.90	17.01
SFS-2（F）	3.37	4.35	5.74	7.48	12.94	18.94
SFS-3（F）	3.80	4.54	6.20	7.73	13.15	19.78
SFS-4（F）	3.01	4.32	5.12	7.32	11.89	17.98
SFS-5（F）	3.43	4.54	5.20	7.25	12.00	18.67
SFS-6（F）	2.96	3.19	4.49	6.37	11.23	16.98
SFS-1（S）	22.67	27.98	40.36	44.98	50.09	51.27
SFS-2（S）	23.44	26.56	42.03	45.78	51.39	53.45
SFS-3（S）	22.93	33.47	40.12	47.69	55.80	55.97
SFS-4（S）	22.68	26.19	41.83	44.79	50.29	50.15
SFS-5（S）	22.98	27.36	41.03	45.09	49.12	52.18
SFS-6（S）	21.77	27.06	39.65	44.23	49.36	50.15
SFS-1（SS）	4.01	5.65	11.38	16.38	17.01	18.96
SFS-2（SS）	4.77	6.95	13.30	17.82	18.87	20.35
SFS-3（SS）	5.00	7.79	13.18	19.01	19.79	20.92
SFS-4（SS）	4.56	6.74	13.45	17.13	18.69	20.19
SFS-5（SS）	5.48	7.43	13.35	18.98	19.95	21.23
SFS-6（SS）	5.02	7.19	13.01	18.24	20.11	20.43

　　无论是三元体系还是四元体系，辅助性胶凝材料复合掺加到水泥中时，其反应程度均比单掺时的反应程度高，其原因可能有两个方面：一方面，复合掺加时，当辅助性胶凝材料掺加总量一定时，辅助性胶凝材料自身之间在水泥水化时可能会起到一定的相互促进作用；而另一方面，由于复合掺加时，水泥体系更加复杂，测定辅助性胶凝材料的方法本身就有一定的误差，尤其是当钢渣和矿渣混合掺加时，其本身反应程度的计算方法所得出的钢渣和矿渣反应程度的计算结果就有些偏高，因此，辅助性胶凝材料复合掺加到水泥中时，其反应程度比单掺时的反应程度高也可能是由测量方法的误差所致。

　　辅助性胶凝材料复合掺加到水泥中时，其水泥水化体系以及其反应过程和反应机理较为复杂，究竟复合掺加时，辅助性胶凝材料的反应程度比单掺时升高还是降低，是否是误差导致测试结果有所偏差？这方面需要进行更为深入的研究并进一步改进测量复合掺加时各个辅助性胶凝材料的反应程度测试方法。但如果仅从本书中的实验结果看，不考虑实验方法产生的误差，则可以得出结论：辅助性胶凝材料复合掺加到水泥中时，其反应程度均比单掺时的反应程度高。

3.6 本章小结

本章主要研究了二元体系、三元体系和四元体系中辅助性胶凝材料的反应程度及其反应程度与辅助性胶凝材料掺量、比表面积以及龄期等因素的相互关系。具体结论如下：

（1）无论是矿渣还是粉煤灰、钢渣，其在水泥中的反应程度均随掺量的增加而降低，随比表面积减少而降低；但过度的提高辅助性胶凝材料的比表面积，对其后期的反应程度反而起到反作用，对矿渣而言，本实验中，当矿渣的比表面积为 $503 \text{m}^2/\text{kg}$ 时，从促进水泥和矿渣的水化程度来讲，此比表面积最佳。

（2）对矿渣比表面积和龄期与矿渣的反应程度进行拟合，得到以下拟合公式：

$$\beta_s(t, S) = a(S)^b(t)^c \qquad (3-18)$$

式中 a，b，c——与矿渣本身特性有关的系数；

S——矿渣的比表面积；

t——矿渣在水泥中水化的龄期，d；

$\beta_s(t, S)$——矿渣比表面积为 S，龄期为 t 时，矿渣的反应程度。

采用此拟合公式对矿渣的反应程度进行拟合时，其拟合值和实测值相差不大，一般误差范围不超过 5%。

（3）粉煤灰的比表面积和掺量、龄期与粉煤灰的反应程度符合以下关系：

$$\beta_f(t, S, \gamma) = (aS + b)^{1/2}\gamma^c(t)^d \qquad (3-19)$$

式中 a，b，c，d——与粉煤灰本身特性有关的系数；

γ——粉煤灰在水泥中的掺加量；

t——粉煤灰在水泥中水化的龄期，d；

S——粉煤灰的比表面积；

$\beta_f(t, S, \gamma)$——粉煤灰比表面积为 S，掺量为 γ，龄期为 t 时，水泥浆体中粉煤灰的反应程度。

按照此拟合方程计算的粉煤灰反应程度拟合值与实测值，无论是水化反应早期还是还是后期，拟合结果均较理想，比单纯的与比表面积或掺量相拟合的结果要好，拟合结果偏差不大于 3%。

（4）钢渣的比表面积和掺量、龄期与粉煤灰的反应程度符合以下关系：

$$\beta_{ss}(t,\ S,\ \gamma) = (aS + b)^{1/2}(t)^c [\gamma/(1 - \gamma)]^d \qquad (3-20)$$

式中　a, b, c, d——与钢渣本身特性有关的系数；

γ——钢渣在水泥中的掺加量；

t——钢渣在水泥中水化的龄期，d；

S——钢渣的比表面积；

$\beta_{ss}(t,\ S,\ \gamma)$——钢渣比表面积为 S，掺量为 γ，龄期为 t 时，水泥浆体中钢渣的反应程度。

按照此拟合方程计算各反应龄期的反应程度拟合值与实测值相比，拟合结果较为理想，拟合结果偏差不大于3%。

(5) 矿渣和粉煤灰、钢渣双掺到水泥中时，矿渣可以促进粉煤灰的反应程度，钢渣对粉煤灰早期反应程度有不利影响；粉煤灰和矿渣均可以促进钢渣的反应程度；粉煤灰和钢渣对矿渣的反应程度起到正面作用。

(6) 矿渣、粉煤灰、钢渣复合掺加到水泥中去，其反应程度均有不同程度的增加，三者在一定程度上可以互相激发，产生双掺效应。

(7) 辅助性胶凝材料复合掺加到水泥中时，无论是三元体系还是四元体系，辅助性胶凝材料的反应程度均比单掺时的反应程度高，其原因可能有两个方面：一方面是由辅助性胶凝材料自身之间在水泥水化时的相互促进作用所致；另一方面，则可能是由测定辅助性胶凝材料反应程度的实验方法产生的误差所致。如果不考虑实验方法产生的误差，则辅助性胶凝材料复合掺加到水泥中时，其反应程度均比单掺时的反应程度高。

4 水泥浆体中结合水含量与反应程度的关系

水是水泥石重要的组成部分，在水泥混凝土中扮演着无可替代的角色，一方面，它使水泥和辅助性胶凝材料能够混合均匀具有良好的施工性能，另一方面，它也保证了水泥水化过程的进行。硬化水泥中的水一般可分为两大类，一类是作为水化物组成存在的水，即化学结合水，如 C-S-H 凝胶和钙矾石中的水；另一类就是存在与水泥孔隙中的非化学结合水。

水泥水化后的浆体中，化学结合水的数量在一定程度上代表了水泥水化的程度，化学结合水量随水化产物的增多而增加，可以这样认为，化学结合水含量越高，水泥水化程度越高。水泥中的化学结合水在一定温度下可以完全脱去，利用这一性质，可以采用高温煅烧法测定硬化水泥浆体中的结合水含量。

本章采用高温灼烧法测定水泥水化样中的化学结合水含量，来研究不同掺量、不同种类的辅助性胶凝材料的化学结合水与反应程度的关系，探讨用化学结合水表征辅助性胶凝材料反应程度的可能性。

4.1 二元体系中结合水含量

4.1.1 比表面积对结合水含量的影响

辅助性胶凝材料的比表面积与其结合水含量息息相关。图 4-1（a）~（c）分别为粉煤灰、矿渣和钢渣在水泥中的掺量为30%时，比表面积与其化学结合水含量的关系。从图中可以看出，无论是粉煤灰还是矿渣、钢渣，基本上随着比表面积的升高，水泥硬化浆体中化学结合水含量明显增加。

粉煤灰掺加到水泥中时，其硬化水泥浆体结合水含量要低于矿渣、钢渣，这和它的反应程度较矿渣和钢渣的反应程度低相对应。一般情况下，当辅助性胶凝材料比表面积较大时，细颗粒含量越多，其与水泥熟料接触的表面积越大，水化越充分，从而产生的水化产物越多，化学结合水含量越高。但另一方面，如果过度追求比表面积，不仅水泥需水量变大，造成水泥性能下降，还会使水化速度过快，水泥石结合松散，部分水被困在孔隙中，不能参加水化反应，反而使其后期水化程度降低。

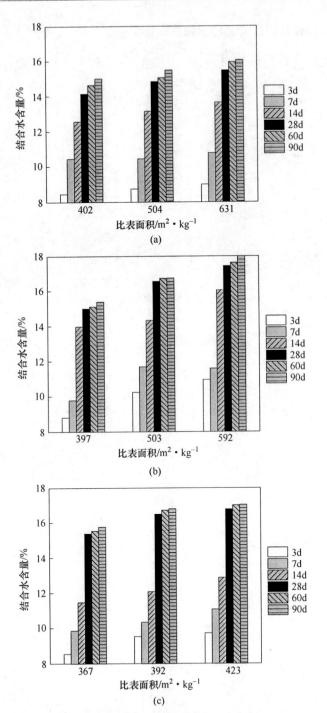

图 4-1 辅助性胶凝材料的比表面积与化学结合水含量的关系

（a）粉煤灰；（b）矿渣；（c）钢渣

4.1.2 辅助胶凝材料掺量对结合水含量的影响

辅助性胶凝材料的掺量对水泥石中的化学结合水也有较大的影响。图 4-2（a）～（c）分别为粉煤灰、矿渣和钢渣在比表面积为 FB、SB、SSB 时，辅助胶凝材料掺量与水泥水化浆体化学结合水含量的关系。

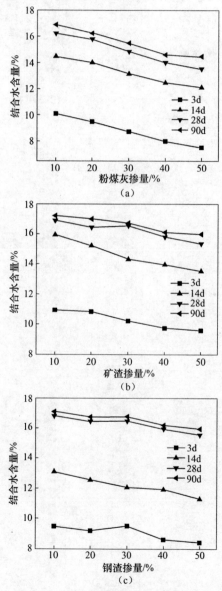

图 4-2 辅助性胶凝材料的掺量与化学结合水含量的关系

（a）粉煤灰；（b）矿渣；（c）钢渣

从图4-2（a）中可以看出，随着粉煤灰掺量的增加，水泥浆体中化学结合水含量呈现逐渐降低的趋势，水泥中粉煤灰的掺量对化学结合水的影响作用较为明显，以3d为例，掺量为30%时，其3d的化学结合水超过10%，而掺量为50%时，其化学结合水含量仅为7.52%，相差较多；不仅水化早期呈现这样的趋势，水化后期也呈现这样的趋势。从图4-2（b）和（c）中可以看出，随着矿渣和钢渣掺量的增加，水泥浆体中化学结合水含量降低，但和粉煤灰明显不同的是，钢渣和矿渣随其掺量的增加，其硬化水泥浆体中化学结合水含量下降幅度较为平缓，这可能和粉煤灰的反应程度较低且在水化后期反应速度仍较高有关。

4.1.3 水化龄期对结合水含量的影响

图4-3（a）～（c）分别为粉煤灰、矿渣和钢渣在比表面积为FB、SB、SSB，掺量为10%、30%和50%时，水泥水化龄期与水化浆体中化学结合水含量的关系。

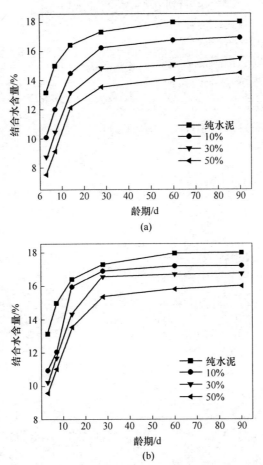

(a)

(b)

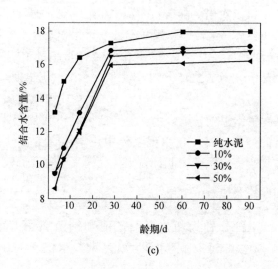

图 4-3　龄期与化学结合水含量的关系
(a) 粉煤灰；(b) 矿渣；(c) 钢渣

从图 4-3 中可以看出，随着水泥水化龄期的进行，无论掺加何种辅助性胶凝材料，其化学结合水含量均是随着龄期的延长而增加，水泥水化前 28d，水泥硬化浆体中化学结合水的含量增长较为迅速，28d 后，增长速度趋于平缓，其中钢渣和矿渣 28d 前化学结合水的增长速度要明显高于粉煤灰。与纯水泥浆体中化学结合水含量相比，加入辅助性胶凝材料后，化学结合水含量明显降低，其中粉煤灰降低的最多，这跟粉煤灰在水泥中水化速率较慢有关；掺矿渣的水泥浆体结合水含量明显要比掺粉煤灰和钢渣的水泥浆体的结合水含量高，充分说明，三种辅助性胶凝材料中，矿渣的水化速率最快，钢渣次之，粉煤灰最慢。

4.1.4　二元体系中化学结合水含量与反应程度的关系

体系中的化学结合水可以定量的表征纯水泥体系的水化程度，但是当水泥中加入辅助性胶凝材料时，水泥二次水化生成的结合水含量是无法精确测量的，同时，胶凝材料材料完全水化产生的结合水量也无法准确测定。但是，当辅助胶凝材料的掺量相同，而比表面面积不同时，体系中的化学结合水含量可以定性的表示辅助性胶凝材料的反应程度。

将化学结合水含量与辅助性胶凝材料的反应程度进行拟合，结果见图 4-4，图 4-4 (a) ~ (c) 分别是粉煤灰、矿渣和钢渣在水泥中掺量为 30% 时，在不同比表面积、不同龄期的反应程度与水泥硬化浆体中化学结合水含量的拟合。从三者的拟合结果来看，辅助性胶凝材料的反应程度与水泥浆体中的化学结合水含量呈线性关系，三种辅助性胶凝材料中，钢渣的拟合度较高，R^2 为 0.9496；其次为矿渣，粉煤灰的反应程度与水泥浆体中的化学结合水含量离散性稍大，但也基本呈线性关系，因此，可以近似认为二元体系中，辅助性胶凝材料的反应程度与化学结合水呈以下关系：

$$\beta = aH + b \tag{4-1}$$

式中　β——辅助性胶凝材料的反应程度；

　　　H——掺辅助性胶凝材料的水泥浆体中的化学结合水含量；

　a，b——与辅助性胶凝材料本身特性有关的参数，如粉煤灰和矿渣的 a、b 值不同，不同产地、不同成分的辅助性胶凝材料的 a、b 值也会有所不同等等。

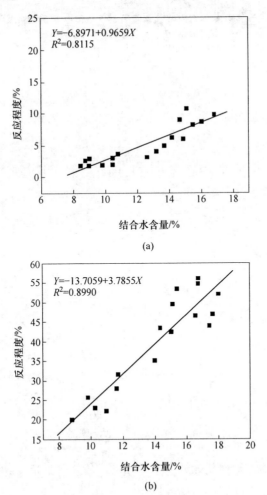

(a)

(b)

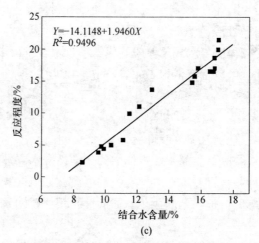

图 4-4 化学结合水含量与辅助性胶凝材料反应程度的关系（掺量为 30%）

（a）粉煤灰；（b）矿渣；（c）钢渣

4.2 三元体系中结合水含量

4.2.1 辅助性胶凝材料的掺量及龄期对化学结合水的影响

不同种类辅助胶凝材料复合掺加到水泥中后对水泥水化浆体中的化学结合水含量的影响跟单掺一种辅助性胶凝材料时对结合水的影响有所不同。

图 4-5 是粉煤灰—矿渣—熟料体系中水泥浆体的化学结合水含量随粉煤灰掺量变化而变化的趋势图。从图中可以看出，粉煤灰、矿渣复合掺加到水泥中时，其结合水含量随粉煤灰掺量的增加而减少，而粉煤灰掺量增加时，水泥中矿渣的含量在减少，因此，相应的，水泥浆体中的化学结合水量随矿渣掺量的增加而增加。这其实跟复掺时辅助胶凝材料的反应程度结果相一致，即粉煤灰和矿渣能够相互促进各自的水

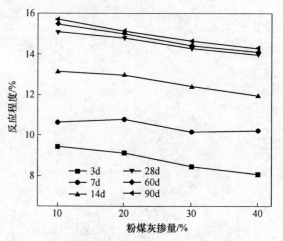

图 4-5 粉煤灰—矿渣—熟料体系中水泥浆体的化学结合水含量随粉煤灰掺量变化而变化的趋势

化进程。同时，复掺时化学结合水含量也随其水化龄期的延长而增加，并在 28d

后增长速率变缓。

图 4-6 是粉煤灰—钢渣—熟料体系中水泥浆体的化学结合水含量随粉煤灰掺量变化而变化的趋势图。从图中可以看出，与粉煤灰、矿渣复合掺加的趋势一样，当钢渣和粉煤灰掺加到水泥中时，其水化后期结合水含量随粉煤灰掺量的增加而减少，相应的，随钢渣掺量的增加而增加。但是在水化前期，即水化 14d 之前，粉煤灰或钢渣的掺量对水泥浆体中化学结合水的影响并不明显，甚至在水化14d 时，随着粉煤灰掺量的增加，化学结合水含量也在增加。这除了测量误差外，原因跟粉煤灰的二次水化反应有关，14d 时，粉煤灰已经开始发生火山灰反应，此时，尽管在一定程度上掺量的增加相当于稀释了水泥中水化物的含量，但粉煤灰的火山灰反应也生成了部分水化产物，因此，14d 时，化学结合水量反而随粉煤灰掺量的增加而升高。但是单掺粉煤灰时没有表现出这样的趋势，这应该跟复合掺加的相互作用有关。

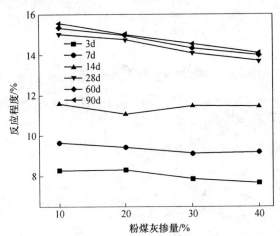

图 4-6　粉煤灰—钢渣—熟料体系中水泥浆体的化学结合水含量
随粉煤灰掺量变化而变化的趋势

图 4-7 是矿渣—钢渣—熟料体系中水泥浆体的化学结合水含量随矿渣掺量变化而变化的趋势图。从图中可以看出，当钢渣和矿渣掺加到水泥中时，其水化前期结合水含量随矿渣掺量的增加而增加，相应的，随钢渣掺量的减少而增加。但是在水化后期，即水化 28d 之后，矿渣或钢渣的掺量对水泥浆体中化学结合水的影响并不明显，几乎趋于一条直线。分析原因，一方面，可能跟钢渣在水化后期，内部含有的硅酸盐矿物也在进行反应，水泥水化产物增多，抵消了因钢渣反应程度较小水化产物少这方面的影响因素；另一方面，矿渣加入到水泥中后，其 28d 后的水化反应趋于平缓，此时，钢渣和矿渣的复掺效应相对较为明显，因此，也有可能导致水化后期钢渣占据反应的主导地位，水泥浆体中的化学结合水反而随钢渣掺量的增加而升高。

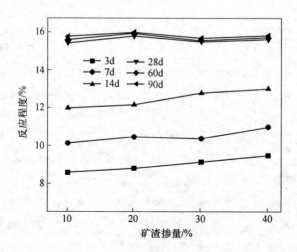

图 4-7   矿渣—钢渣—熟料体系中水泥浆体的化学结合水含量
随矿渣掺量变化而变化的趋势

4.2.2   三元体系中化学结合水含量与反应程度的关系

将粉煤灰—矿渣—熟料体系中粉煤灰和矿渣的反应程度与水泥浆体中的化学结合水含量进行拟合，结果如图 4-8 所示。图 4-8（a）和（b）分别是粉煤灰、矿渣在复合水泥体系中的反应程度与水泥硬化浆体中化学结合水含量的拟合。

从三者的拟合结果来看，辅助性胶凝材料的反应程度与水泥浆体中的化学结合水含量 $Y = aX^b$ 的关系，拟合得到的方程 R^2 均较高，因此，可以近似认为三元体系中，辅助性胶凝材料的反应程度与化学结合水呈以下关系：

$$\beta = aH^b \tag{4-2}$$

式中 β——辅助性胶凝材料的反应程度；

  H——掺辅助性胶凝材料的水泥浆体中的化学结合水含量；

  a，b——与辅助性胶凝材料本身特性有关的参数，如粉煤灰和矿渣的 a、b 值不同，不同产地、不同成分的辅助性胶凝材料的 a、b 值也会有所不同等等。

其他复合体系是否符合这种关系，以钢渣—粉煤灰体系来进行验证。图 4-9 是钢渣—粉煤灰—水泥体系中钢渣和粉煤灰的反应程度与水泥浆体化学结合水的拟合公式。从图中可以看出，钢渣—粉煤灰—水泥体系中辅助胶凝材料的反应程度与水泥浆体中的化学结合水含量也符合式（4-2）。

因此，可以认为，式（4-2）即是三元体系中辅助胶凝材料的反应程度与水泥浆体中的化学结合水含量的关系。

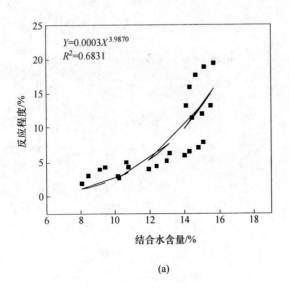

(a)

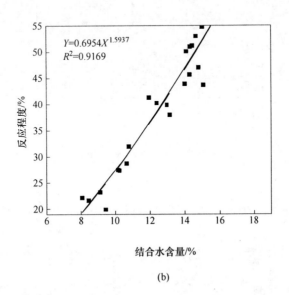

(b)

图 4-8 粉煤灰—矿渣—熟料体系化学结合水含量和辅助性胶凝材料反应程度的关系

（a）粉煤灰；（b）矿渣

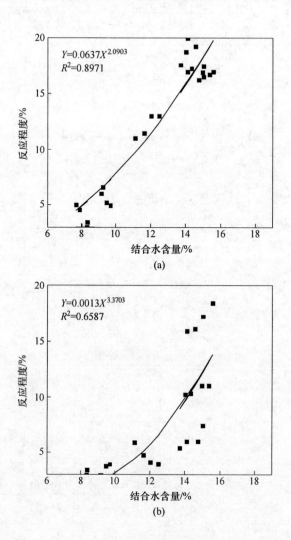

图 4-9   粉煤灰—钢渣体系化学结合水和辅助性胶凝材料反应程度的关系
（a）钢渣；（b）粉煤灰

4.3   四元体系中结合水含量与辅助性胶凝材料反应程度的关系

4.3.1   四元体系中化学结合水的影响因素

表 4-1 是四元体系中复合水泥浆体不同龄期的化学结合水含量。

四元体系中由于掺加了三种辅助性胶凝材料，影响机理更为复杂。但基本上仍然是随着粉煤灰掺加量的增加，体系中不同龄期的化学结合水含量逐渐降低，矿渣掺量增加，有利于水化反应的进行，因此，矿渣含量越高，体系中化学结合水含量就越高。而钢渣掺量的提高对四元体系来讲，其后期的结合水含量变化不大，但对其早期水化龄期的结合水含量来讲，随着钢渣掺量的增加，矿渣掺量的减少，体系中的早龄期化学结合水减少。

表 4-1　四元体系中复合水泥浆体不同龄期的化学结合水含量 （%）

样品	3d	7d	14d	28d	60d	90d
SFS-1	8.33	9.58	11.79	14.92	15.07	15.23
SFS-2	9.00	9.98	12.03	14.94	15.09	15.25
SFS-3	9.25	10.32	12.17	15.60	15.73	15.99
SFS-4	8.39	9.74	11.63	15.03	15.47	15.62
SFS-5	9.19	10.59	13.08	15.18	15.64	16.00
SFS-6	8.56	9.98	12.47	14.26	14.40	14.65

4.3.2　四元体系中化学结合水含量与反应程度的关系

将粉煤灰—矿渣—钢渣—熟料体系中辅助性胶凝材料的反应程度与水泥浆体中的化学结合水含量进行拟合，结果如图 4-10 所示，图 4-10（a）~（c）分别是粉煤灰、矿渣、钢渣在复合水泥体系中的反应程度与水泥硬化浆体中化学结合水含量的拟合。

从三者的拟合结果来看，辅助性胶凝材料在四元体系中的反应程度与水泥浆体中的化学结合水含量近似于直线的关系，但是较为符合 $Y = aX^b$ 方程，拟合得到的方程 R^2 均较高，因此，可以近似认为四元体系中，辅助性胶凝材料的反应程度与化学结合水也呈以下关系：

$$\beta = aH^b$$

式中　β——辅助性胶凝材料的反应程度；

$\quad\quad H$——掺辅助性胶凝材料的水泥浆体中的化学结合水含量；

$a，b$——与辅助性胶凝材料本身特性有关的参数，如粉煤灰和矿渣的 a、b 值不同，不同产地、不同成分的辅助性胶凝材料的 a、b 值也会有所不同等等。

在三元、四元体系中，尽管可以近似的认为辅助性胶凝材料的反应程度与体系中化学结合水含量呈现一定的幂指数关系，但是对于粉煤灰而言，拟合优度明显较低，离散性较大。因此，可以认为利用化学结合水表征辅助性胶凝材料的反应程度有一定的偏差。

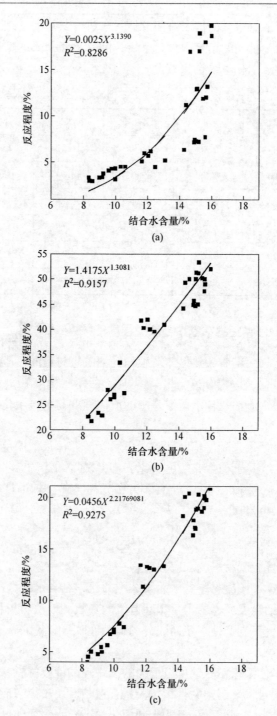

图 4-10   四元体系中化学结合水含量和辅助性胶凝材料反应程度的关系

(a) 粉煤灰；(b) 矿渣；(c) 钢渣

4.4 本章小结

本章主要研究了二元体系、三元体系以及四元体系总化学结合水含量的影响因素以及其与体系中辅助性胶凝材料的反应程度之间的关系。具体结论如下：

（1）二元体系中，辅助性胶凝材料的比表面积对体系中的化学结合水含量影响较大，无论是粉煤灰还是矿渣、钢渣，基本上随着比表面积的升高，水泥硬化浆体中化学结合水含量明显增加；体系中的化学结合水均随着粉煤灰掺量的增加而降低，随着矿渣掺量的增加而升高；且水泥中粉煤灰的掺量对化学结合水的影响作用较为明显，以 3d 为例，掺量为 30% 时，其 3d 的化学结合水超过 10%，而掺量为 50% 时，其化学结合水含量仅为 7.52%，相差较多；钢渣和矿渣 28d 前化学结合水的增长速度要明显高于粉煤灰。

（2）二元体系中，辅助性胶凝材料的反应程度与化学结合水呈以下关系：

$$\beta = aH + b$$

式中　β——辅助性胶凝材料的反应程度；

　　　H——掺辅助性胶凝材料的水泥浆体中的化学结合水含量；

　a，b——与辅助性胶凝材料本身特性有关的参数，如粉煤灰和矿渣的 a、b 值不同，不同产地、不同成分的辅助性胶凝材料的 a、b 值也会有所不同等等。

（3）三元体系中，粉煤灰和矿渣复掺，水泥浆体中的化学结合水量随矿渣掺量的增加而增加；当钢渣和粉煤灰掺加到水泥中时，其水化后期结合水含量随粉煤灰掺量的增加而减少，相应的，随钢渣掺量的增加而增加，在水化前期，及水化 14d 之前，粉煤灰或钢渣的掺量对水泥浆体中化学结合水的影响并不明显，甚至在水化 14d 时，随着粉煤灰掺量的增加，化学结合水含量也在增加；钢渣和矿渣体系中，其水化前期结合水含量随矿渣掺量的增加而增加，水化后期，矿渣或钢渣的掺量对水泥浆体中化学结合水的影响并不明显，几乎趋于一条直线。

（4）三元体系和四元体系中，辅助性胶凝材料的反应程度与化学结合水均呈以下关系：

$$\beta = aH^b$$

式中　β——辅助性胶凝材料的反应程度；

　　　H——掺辅助性胶凝材料的水泥浆体中化学结合水含量；

　a，b——与辅助性胶凝材料本身特性有关的参数。

5 Ca(OH)$_2$含量与辅助性胶凝材料反应程度的关系

Ca(OH)$_2$是水泥水化最主要的产物之一，水泥浆体水化时会产生Ca(OH)$_2$和水化硅酸钙凝胶（C-S-H凝胶），Ca(OH)$_2$强度较低，且化学稳定性较差，但其又是保持水泥硬化浆体系统稳定性不可或缺的一种水化产物，另外，C-S-H凝胶的稳定也需要一定数量的Ca(OH)$_2$，因此，要使水泥基材料具有良好的耐久性，需保持一定数量的Ca(OH)$_2$。

纯水泥浆体中，可以用Ca(OH)$_2$法测定水泥的水化程度，对于掺有辅助性胶凝材料的水泥，由于水泥体系中同时存在两种水化进程（水泥的水化反应和辅助胶凝材料的二次水化），因此，如果简单的用Ca(OH)$_2$含量的方法去定量分析水泥-辅助性胶凝材料体系的水化程度，会有一定的误差，有学者曾用同龄期的纯水泥浆体中Ca(OH)$_2$含量与水泥-辅助性胶凝材料体系中Ca(OH)$_2$含量之差即辅助性胶凝材料反应消耗的Ca(OH)$_2$量来半定量的表征辅助性胶凝材料的水化程度，尽管这种方法忽略了掺加辅助性胶凝材料后对水泥的稀释作用，但由于是在同一个基数上进行比较，因此，仍不失一个表征辅助性胶凝材料的水化程度的有效方法。

水泥浆体中的Ca(OH)$_2$在400~530℃时脱水，因此，测定水泥浆体中的Ca(OH)$_2$含量采用不同温度阶段水泥的失重计算来进行。同时530~1000℃的失重，则由水泥碳化产生的碳酸钙分解和部分C-S-H凝胶分解产生，假定这部分失重有2/3是碳酸钙分解引起的，则水泥浆体中的Ca(OH)$_2$含量可以按下式计算：

$$M_{Ca(OH)_2} = \left(\frac{m_1}{18} + \frac{2}{3} \times \frac{m_2}{44} \right) \times 74$$

式中 $M_{Ca(OH)_2}$——水化样品中Ca(OH)$_2$的质量分数；

m_1——样品400~530℃时的失重，%；

m_2——样品在530~1000℃的失重，%。

5.1 二元体系水泥浆体中Ca(OH)$_2$含量与反应程度的关系

5.1.1 二元体系中Ca(OH)$_2$含量的影响因素

5.1.1.1 辅助胶凝材料比表面积对Ca(OH)$_2$含量的影响

辅助胶凝材料的比表面积对辅助胶凝材料的反应程度影响极大，而Ca(OH)$_2$

含量又与水泥中的水化产物息息相关，因此辅助性胶凝材料的比表面积对水泥浆体中 Ca(OH)$_2$的含量有一定的影响。

图 5-1（a）~（c）分别是粉煤灰、矿渣和钢渣三种辅助性胶凝材料以 50%的掺量加入到水泥中，其比表面积对水泥浆体中 Ca(OH)$_2$的影响变化趋势图。从图中可以看出，无论是粉煤灰还是矿渣、钢渣，其水泥水化浆体中 Ca(OH)$_2$的含量均随比表面积的增加而降低，这可能有两方面的原因造成的，一方面，当辅助性胶凝材料比表面积较低时，需水量较低，当体系中按相同的水灰比加入水后，相对于比表面积较高的辅助性胶凝材料来讲，其变相地增加了水泥水化的用水量，使体系中的水泥与水接触的更加充分，生成的 Ca(OH)$_2$含量较多；另一方面，由于辅助性胶凝材料比表面积较低，反应程度比比表面积高的辅助性胶凝材料也要低，此时，其消耗的水泥水化反应生成的 Ca(OH)$_2$量也要低；这两方面的双重作用，造成水泥水化浆体中 Ca(OH)$_2$的含量均随比表面积的降低而增加的变化趋势。

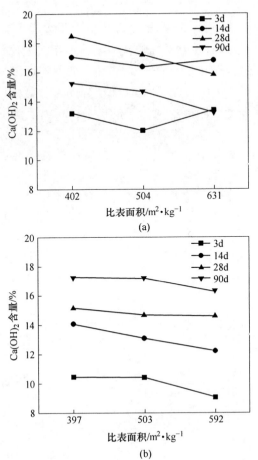

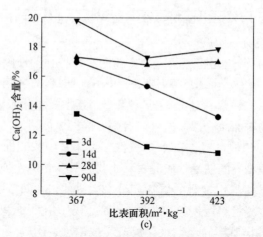

图 5-1 辅助性胶凝材料的比表面积与体系中 Ca(OH)₂ 含量的关系
(a) 粉煤灰；(b) 矿渣；(c) 钢渣

5.1.1.2 辅助胶凝材料掺量对 Ca(OH)₂ 含量的影响

同比表面积一样，辅助胶凝材料在水泥中的掺加量也对 Ca(OH)₂ 含量有较大的影响。图 5-2 (a) ~ (c) 分别是粉煤灰、矿渣和钢渣三种辅助性胶凝材料的掺量对水泥浆体中 Ca(OH)₂ 的影响变化趋势图。从图中可以看出，无论是哪种辅助性胶凝材料，体系中 Ca(OH)₂ 含量均随着辅助性胶凝材料掺量的增加而降低。这是因为，随着辅助性胶凝材料掺量的增加，相当于体系中水泥矿物被稀释，而这种稀释作用，一方面，辅助性胶凝材料可以作为水泥水化产物的沉积中心，对水化产物有相当大的疏散作用，使新鲜水泥矿物表面可以与水泥充分接触，促进了水泥的水化反应，体系中生成的 Ca(OH)₂ 量增多；但另一方面，这种稀释相当于减少了体系中的水泥，同样会使体系中生成的 Ca(OH)₂ 量减少，体系中，究竟哪种作用占据主导方面，或者二者之间的互相作用是否可以互相抵消，尚需要进行研究。

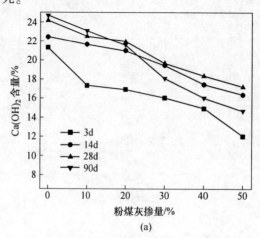

(a)

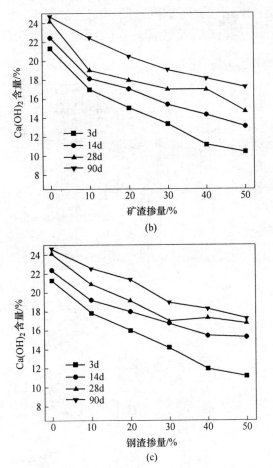

图 5-2 辅助性胶凝材料的掺量与体系中 Ca(OH)₂ 含量的关系

（a）粉煤灰（FB）；（b）矿渣（SB）；（c）钢渣（SSB）

5.1.1.3 体系反应龄期对 Ca(OH)₂ 含量的影响

无论是何种辅助性胶凝材料，其在水泥中的反应程度均要比水泥迟缓一些。图 5-3（a）是纯水泥不同龄期的 Ca(OH)₂ 含量，图 5-3（b）~（d）分别是粉煤灰、矿渣和钢渣作为辅助性胶凝材料在水泥中的掺量为 50% 时，龄期对水泥体系中的 Ca(OH)₂ 的影响变化趋势图。从图中可以看出，纯水泥的 Ca(OH)₂ 含量随龄期的延长逐渐增加，加入钢渣、矿渣后的水泥水化浆体中 Ca(OH)₂ 含量也呈现随龄期延长而逐渐增加的趋势，但加入粉煤灰后，其 Ca(OH)₂ 含量呈现先增加后减少的趋势，这跟辅助性胶凝材料自身的反应特性有关，粉煤灰在水化前期几乎不参加反应。因此，体系中 Ca(OH)₂ 含量在早期逐渐增加，但是当体系中 Ca(OH)₂ 含量达到一定程度时，粉煤灰开始发生火山灰反应，此时消耗大量的 Ca(OH)₂，水泥水化生成的 Ca(OH)₂ 速度比粉煤灰二次反应消耗 Ca(OH)₂ 的速度慢，因此其后期 Ca(OH)₂含量逐渐降低。同时，从图 5-3 中也可以看出，纯水泥在不同龄期的 Ca(OH)₂含量要比同龄期的加入辅助性胶凝材料的水泥体系 Ca(OH)₂含量高。

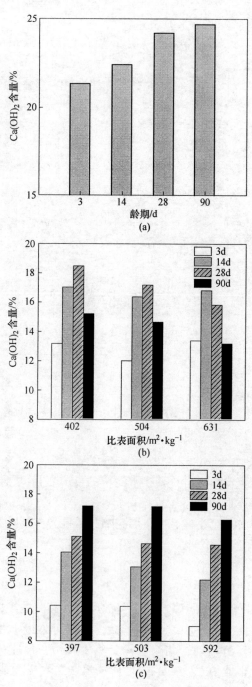

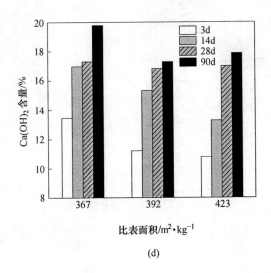

(d)

图 5-3　龄期与体系中 Ca(OH)₂含量的关系

（a）纯水泥；（b）粉煤灰（FB）；（c）矿渣（SB）；（d）钢渣（SSB）

5.1.2　二元体系中 Ca(OH)₂消耗量与辅助性胶凝材料反应程度的关系

将粉煤灰在反应过程中的 Ca(OH)₂消耗量与辅助性胶凝材料的反应程度进行拟合，结果如图 5-4 所示。从拟合结果来看，粉煤灰的反应程度与水泥浆体中粉煤灰反应消耗 Ca(OH)₂的量呈线性关系，且拟合度较高，R^2 为 0.9674。因此，可以近似认为二元体系中，粉煤灰的反应程度与粉煤灰发生反应消耗 Ca(OH)₂的量呈以下关系：

$$\beta = aC + b \tag{5-1}$$

式中　β——辅助性胶凝材料的反应程度；

　　　C——粉煤灰 Ca(OH)₂消耗量；

　　$a,\ b$——与粉煤灰本身特性有关的参数。

图中可以说明，对粉煤灰来讲，随着水泥浆体中辅助性胶凝材料反应消耗 Ca(OH)₂量的增加，粉煤灰的反应程度呈现上升的趋势。

对矿渣和钢渣的消耗量进行拟合时发现拟合结果较差，故不在此进行拟合。

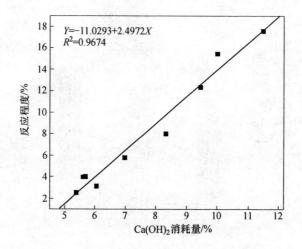

图 5-4　Ca(OH)₂消耗量与粉煤灰反应程度的关系

5.2　三元体系中 Ca(OH)₂含量与反应程度的关系

　　不同种类辅助性胶凝材料复合掺加到水泥中后对水泥水化浆体中的Ca(OH)₂含量的影响跟单掺一种辅助性胶凝材料时对结合水的影响有所不同。

　　图 5-5 是粉煤灰—矿渣—熟料体系中水泥浆体的 Ca(OH)₂ 含量随粉煤灰掺量变化而变化的趋势图。从图中可以看出，粉煤灰、矿渣复合掺加到水泥中时，其 Ca(OH)₂ 含量随粉煤灰掺量的增加而增加。因此，相应的，水泥浆体中的 Ca(OH)₂ 含量随矿渣掺量的增加而减少。但水泥水化 90d 时，体系中的 Ca(OH)₂

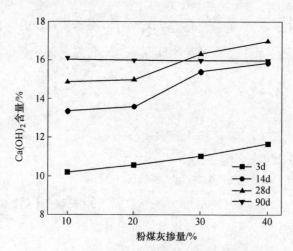

图 5-5　粉煤灰—矿渣—熟料体系中水泥水化浆体的 Ca(OH)₂
含量随粉煤灰掺量变化而变化的趋势

含量变化趋势不大，趋于一条直线。同时，复掺时 Ca(OH)$_2$ 含量也随其水化龄期的延长而增加，当粉煤灰掺量增加到 30% 时，由于水化后期，粉煤灰仍在发生反应，其消耗氢氧化钙的量也在增加，反映到图 5-5 上就是，当粉煤灰掺量大于 30% 时，其 90d 时 Ca(OH)$_2$ 的量比 60d 时有所下降。

图 5-6 是粉煤灰—钢渣—熟料体系中水泥水化浆体的 Ca(OH)$_2$ 含量随粉煤灰掺量变化而变化的趋势图。从图中可以看出，当钢渣和粉煤灰掺加到水泥中时，其 Ca(OH)$_2$ 含量随粉煤灰掺量的增加而增加。因此，相应的，水泥浆体中的 Ca(OH)$_2$ 含量随钢渣掺量的增加而减少。但当水泥水化 90d 时，体系中的 Ca(OH)$_2$ 含量明显呈下降趋势。

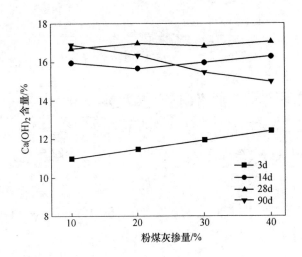

图 5-6 粉煤灰—钢渣—熟料体系中水泥水化浆体的 Ca(OH)$_2$
含量随粉煤灰掺量变化而变化的趋势

图 5-7 是矿渣—钢渣—熟料体系中水泥水化浆体的 Ca(OH)$_2$ 含量随矿渣掺量变化而变化的趋势图。从图中可以看出，与掺加粉煤灰时的其他体系有所不同，当钢渣和矿渣掺加到水泥中时，水泥浆体的 Ca(OH)$_2$ 含量变化趋势虽然很平缓，但是仍然可以看出，随着矿渣掺量的增加，钢渣掺量的减少，水泥浆体的 Ca(OH)$_2$ 含量有所降低。但水化 90d 时，水泥浆体的 Ca(OH)$_2$ 含量随矿渣掺量的增加，有上升的趋势。分析原因，可能跟钢渣在水化后期，内部含有的硅酸盐矿物也在进行反应，水泥水化产物增多，因此氢氧化钙的含量稍有提高。

三元体系中辅助性胶凝材料消耗的 Ca(OH)$_2$ 含量与粉煤灰、矿渣、钢渣的各自的反应程度拟合均不理想，分散性较大，几乎无规律可循，应该跟复合掺加时各个辅助性胶凝材料对氢氧化钙的消耗量均有着自己的规律，交叉到一起，反应行为较为复杂，致使无法进行拟合。

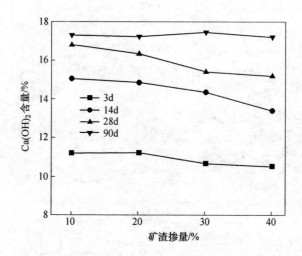

图 5-7　矿渣—钢渣—熟料体系中水泥水化浆体的 Ca(OH)$_2$ 含量
随矿渣掺量变化而变化的趋势

5.3　四元体系中 Ca(OH)$_2$含量与辅助性胶凝材料反应程度的关系

四元体系中各配比 Ca(OH)$_2$的含量见表 5-1。从表中可以看出，四元体系中水泥水化浆体中的 Ca(OH)$_2$的影响规律更为复杂，但基本上当粉煤灰掺量少，矿渣和钢渣掺量多时，水泥水化浆体的 Ca(OH)$_2$含量随龄期的延长逐渐增大，而当粉煤灰掺加量为 30%，到 90d 时，水化浆体中 Ca(OH)$_2$的含量相比 60d 时有所下降，再加上钢渣本身含有的硅酸盐矿物对水泥水化产生的影响，使得四元体系中 Ca(OH)$_2$含量与辅助性胶凝材料的反应程度之间的关系更为复杂。

表 5-1　复合水泥浆体 Ca(OH)$_2$ 含量　　　　　　　　（%）

样品	3d	14d	28d	90d
F0	21.32	22.43	24.17	24.68
SFS-1	11.69	15.31	16.85	17.01
SFS-2	12.83	15.66	16.71	16.43
SFS-3	12.87	15.44	16.98	17.23
SFS-4	10.98	14.37	15.99	16.45
SFS-5	10.61	14.39	15.62	15.38
SFS-6	11.43	15.50	16.55	15.43

5.4 本章小结

本章对影响水泥浆体中 $Ca(OH)_2$ 含量的影响因素进行了研究，并对二元体系、三元体系、四元体系中 $Ca(OH)_2$ 含量与辅助性胶凝材料反应程度之间的关系进行了研究。具体结论如下：

(1) 辅助性胶凝材料的比表面积、掺量对辅助性胶凝材料的反应程度影响极大，无论是粉煤灰还是矿渣、钢渣，其水泥水化浆体中 $Ca(OH)_2$ 的含量均随比表面积的降低而增加，随辅助性胶凝材料掺量的增加而降低；纯水泥的 $Ca(OH)_2$ 含量随龄期的延长逐渐增加，加入钢渣或矿渣后的水泥水化浆体中 $Ca(OH)_2$ 含量也呈现随龄期延长而逐渐增加的趋势，但加入粉煤灰后，其 $Ca(OH)_2$ 含量呈现先增加后减少的趋势。

(2) 二元体系中 $Ca(OH)_2$ 消耗量与粉煤灰反应程度呈线性关系，且拟合度较高，但矿渣和钢渣的反应程度与 $Ca(OH)_2$ 消耗量之间的关系不明显。

(3) 复合掺加时，无论是三元体系还是四元体系，$Ca(OH)_2$ 消耗量与辅助性胶凝材料之间的关系均较为复杂，因此认为测定 $Ca(OH)_2$ 的含量只适于判定纯水泥的反应程度，不适于加入辅助性胶凝材料后水泥中辅助性胶凝材料的反应程度。

6 辅助性胶凝材料的活性及其水化行为

矿渣、粉煤灰、钢渣三种辅助性胶凝材料中，矿渣的活性最高，加入到水泥中后，无论是水泥的早期强度还是后期强度，均下降不多，其后期强度还会有所增加，因此，矿渣一般可直接大量应用于水泥混凝土工业中。而粉煤灰（尤其是低级灰）和钢渣，虽可直接应用于水泥中，但由于其本身活性较低，其掺加量受到限制。因此，对钢渣和粉煤灰的活性进行激发，一直是水泥行业研究的热点问题之一。

粉煤灰和钢渣的活性激发，一般采取化学激发与物理激发相结合的方式，即在粉煤灰和钢渣的粉磨过程中加入一定的表面活性剂对其活性进行激发，激发后的粉煤灰和钢渣加入到水泥中后能有效改善水泥的物理性能。对粉煤灰或钢渣的活性激发机理，广大水泥工作者也进行了大量的研究，一般认为，活性激发后的辅助性胶凝材料其比表面积得到了提高，粒径分布范围也得到了改善，Mehta[43]的研究表明，粉煤灰颗粒分布是影响其复合胶凝材料强度发展的重要参数。蒋永惠等[83]的研究也表明，30μm以下颗粒含量与水泥强度有较大关联度，因此，要提高粉煤灰水泥强度，应提高粉煤灰中小于30μm颗粒含量。而我国的钢渣中，70%是化学组成与硅酸盐熟料相似的转炉钢渣，从而使其具有一定的潜在胶凝性能[84]，因此，从理论上来讲，钢渣应用于水泥混凝土中是完全可行的，但是由于钢渣的活性较低，且其游离钙含量较高，导致其作为辅助性胶凝材料在水泥混凝土中的应用受到了限制。余远明等[85]研究了粉磨后钢渣的颗粒粒径分布与水泥力学性能之间的关系，结果表明，应提高钢渣粉中10~30.2μm的颗粒含量，同时，应尽量减少大于30μm的颗粒；其他研究也表明[86,87]，显著提高钢渣活性的有效方法是对钢渣进行粉磨处理，一般钢渣的活性随着钢渣比表面积的增加而增加。除了辅助性胶凝材料粒径的颗粒分布以及比表面积之外，辅助性胶凝材料的活性也受到其筛余、颗粒形貌等因素的影响。

本章主要利用物理激发和化学激发两种方式对粉煤灰和钢渣的活性进行激发，通过XRD、SEM、压汞法等现代物相检测手段对掺钢渣、粉煤灰胶凝材料的水化产物种类和形貌、硬化浆体孔结构进行观察表征，揭示辅助性胶凝材料活性激发的作用机理，同时研究活性激发后的粉煤灰和钢渣在复合胶凝材料早期水化过程中的作用机理以及其在水泥中的水化行为，从而为提高钢渣、粉煤灰作为辅助性胶凝材料在水泥中的掺量提供一定的理论支持，并为粉煤灰、钢渣的活性激发的内在机理提供一定的理论补充。

6.1 助磨剂的作用机理

6.1.1 表面活性剂的作用机理

有人这样较为形象地表达过表面活性剂的作用机理：表面活性剂的结构类似一根火柴棍，火柴头就是亲水端，火柴杆就是亲油端。亲油端插入油污分子内部，相似相容；亲水端跟水分子结合形成胶束团。这样，再经过机械摩擦运动，就将油污分子疏松开来，拉进水中，从而达到膨化、溶解、扩散的目的。

关于表面活性剂的作用机理，国内外进行了大量的研究[88~92]，对此存在比较大的争论，对作用机理的描述，基本上都是基于表面活性剂的作用效果，从譬如提高强度、阻止粉磨过程包球现象、防止团聚、有利于分散等方面进行描述，也有人认为不同的粉磨阶段存在不同的粉磨机理，哪种作用机理占主导地位，并没有统一的定论。在粉磨过程中，加入少量的外加剂，可消除细粉的粘附和聚集现象，加速物料粉磨过程，提高粉磨效率，降低单位粉磨电耗，提高产量。这类外加剂统称为助磨剂。

目前比较统一的观点可通俗地描述为以下两点：

（1）表面活性剂分子在颗粒上的吸附降低了颗粒的表面能或者引起表面层晶格的位置迁移，产生点或线的缺陷，改变了颗粒表面的结构性质，从而降低颗粒的强度和硬度；同时，阻止新生裂纹的闭合，促进裂纹的扩展。

（2）当物料粉碎磨细到一定细度时，颗粒之间、颗粒与研磨介质间会聚集、粘附形成包壳。表面活性剂通过调节矿浆的流变学性质和矿粒的可流动性等，降低矿浆的黏度，促进颗粒的分散，从而提高矿浆的可流动性，阻止矿粒在研磨介质及磨机衬板上的粘附及颗粒之间的团聚，提高粉磨效率。

6.1.2 助磨剂的理论学说

为了降低能耗、节约能源、提高粉磨效率，在粉磨过程中加入少量的助磨剂来改善粉磨效率是有效的方法之一。在粉磨过程中加入少量助磨剂，可以在水泥的细度和磨机功率消耗相同的条件下增加产量；也可以在水泥产量和磨机功率消耗相同的条件下增加水泥的比表面积，从而提高水泥的强度和质量。助磨剂能够强化粉磨过程，但对其作用机理，国内外学者们虽然进行了大量的研究工作，但是粉磨过程的复杂性，至今尚未有确证支撑相关理论。关于助磨剂的作用原理，目前主要有两种观点：一是"吸附降低硬度"学说，认为助磨剂分子在颗粒上的吸附降低了颗粒的表面能或者引起近表面层晶格的位置迁移，产生点或线的缺陷，从而降低颗粒的强度和硬度；同时，阻止新生裂纹的闭合，促进裂纹的扩展。二是"矿浆流变学调节"学说，助磨剂通过调节矿浆的流变性质和矿粒的可流动性等，降低矿浆的黏度，促进颗粒的分散，从而提高矿浆的可流动性，阻止矿粒在研磨介质及磨机衬板上的粘附以及颗粒之间的团聚。

目前水泥工业中采用的助磨剂大部分还是表面活性剂。关于表面活性剂作为助磨剂的助磨机理，较为普遍的看法是：加入助磨剂以后，磨内消除了静电所引起的粘附和聚集；表面活性物质由于它们具有强烈的吸附能力，可吸附在物料细粉颗粒表面，而使物料之间不再粘结；而且吸附在物料颗粒的裂缝间，减弱了分子力所引起的"愈合作用"，促进外界做功时颗粒裂缝的扩展，从而提高粉磨效率。实际上助磨机理是一个复杂的问题。对于粉磨的不同阶段，助磨剂的作用有所差异。如果我们将粉磨过程的粗磨、细磨及超细磨划分为粉磨的初期、中期和后期，那么，粉磨初期助磨剂的作用主要是促进裂纹形成和扩展，直到断裂。断裂强度随微裂纹的形成和不断扩展，助磨剂分子进一步渗入裂缝内表面，起到了阻止裂缝愈合的作用。在粉磨的中后期，助磨剂主要起了分散作用，延缓或减轻了细物料的聚集，尤其对高细磨物料效果更为显著。

目前其助磨机理主要的理论学说有[59]：Rebinder 的强度削弱理论和 Mardulier 的颗粒分散理论，除此之外还有现代学者提出的薄膜理论等。

6.1.2.1　Rebinder 的强度削弱理论

粉磨时，磨机内被粉磨的物料颗粒，通常受到不同种类应力的作用，导致形成裂纹并扩展，然后被粉碎。因此，物料的力学性质（诸如拉应力、压应力或剪切应力作用下的强度性质）将决定对物料施加的力的效果。显然，物料的强度越低、硬度越小，即易磨性越好，粉磨所需的能量也就越少。根据近代材料脆裂理论，脆性断裂所需的最小应力与物料的比表面能成正比，在粉磨过程中加入适量助磨剂，其吸附于物料表面的裂纹上，降低裂纹的表面自由能，从而可以减小使其断裂所需的应力。另外，从颗粒断裂的过程来看，根据裂纹扩展的条件，助磨剂分子在新生表面的吸附可减小裂纹扩展所需的外应力，防止新生裂纹的重新闭合，促进裂纹的扩展。因此，助磨剂在物料粉碎过程中起到了削弱固体强度的作用，使物料粉碎易于进行，有利于粉磨效率的提高。

6.1.2.2　Mardulier 的颗粒分散理论

粉磨过程中物料颗粒断裂时，由于离子键的断裂产生了电子密度的差异，断面两侧出现一系列交错的 Ca^{2+} 和 O^{2-} 活性点，当这些活性点没有被外来离子或分子屏蔽时，它们便会彼此吸引，积聚形成松散的团聚体。在机械应力的进一步作用下，松散的团聚体可发生类似金属焊接那样的过程，使结构发生变化、晶格歪扭和变形，形成坚固的颗粒。助磨剂的作用就是能够吸附于断裂面并提供外来离子或分子，使断裂面上的键力饱和，消除或减弱积聚的趋势，阻止物料颗粒聚结，起到分散物料的作用。

6.1.2.3 薄膜理论

现代学者提出的薄膜理论认为：非极性助磨剂能在物料颗粒的表面形成包裹薄膜，使表面达到饱和状态，不再相互吸引黏结成团块，进而改善了水泥成品的流动性。这明显提高了物料连续通过磨机的速度，改善了研磨介质的粉磨作用。

6.2 钢渣的活性激发

6.2.1 实验方案

有文献表明[93]，乙二醇对物料中的较难粉磨的粗颗粒效果较为明显，三乙醇胺对细颗粒效果较好，三乙醇胺是目前市场上市售表面活性剂的最主要成分之一，因此根据钢渣的特性，选取三乙醇胺和乙二醇单掺或复掺作为表面活性剂，设计四种活性激发方案，分别是三乙醇胺、乙二醇、表面活性剂 A 和表面活性剂 B，其中表面活性剂 A 为三乙醇胺、乙二醇与去离子水的复配，复配比例为 7：3：10，复配后用搅拌器搅拌 30min；表面活性剂 B 为三乙醇胺、乙二醇与去离子水的复配，复配比例为 3：7：10，复配后用搅拌器搅拌 30min；表面活性剂在钢渣中的掺加比例应扣除去离子水所占比例。

取钢渣 5kg，石膏 150g 进行混合配料，配置五份相同的混合料，第一组混合料不加表面活性剂，第二、三、四、五组混合料分别加入三乙醇胺、乙二醇、表面活性剂 A、表面活性剂 B，均化后在 $\phi500mm \times 500mm$ 标准实验小磨中粉磨。表面活性剂的掺量为 0.01%，表面活性剂的加入方式采取物料入磨后将配置好的表面活性剂以喷雾的方式均匀喷洒于待磨物料表面，每组的粉磨时间分别为45min、60min、75min。粉磨后的物料按照 30% 的比例掺加到水泥中，测其活性。

钢渣活性指数按下式计算：

$$H_{28} = \frac{R}{R_0} \times 100\%$$

式中　　H_{28}——活性指数，%；

　　　　R——试验胶砂 28d 抗压强度，MPa；

　　　　R_0——对比胶砂 28d 抗压强度，本书中的 R_0 为对比样 P·O52.5 水泥的28 天抗压强度，单位为兆帕（MPa），精确至 0.1。

6.2.2 钢渣的活性激发效果

表 6-1 是掺加 30% 钢渣的水泥力学测试结果。其中，S 组为纯水泥，字母A~E 分别表示未掺加表面活性剂、掺加三乙醇胺、掺加乙二醇、掺加表面活性剂A、掺加表面活性剂 B，1 代表粉磨时间为 45min，2 代表 60min，3 代表 75min；钢渣掺量为 30%。

　　从表 6-1 中可以看出，水泥中加入钢渣后，水泥的标准稠度用水量呈降低的趋势。相较而言，掺加表面活性剂后，水泥的标准稠度用水量下降相对较大。由于表面活性剂的加入，使表面活性物质吸附在物料颗粒表面，在物料颗粒表面形成了一层吸附膜，从而减小了颗粒与颗粒之间的吸引力，加大了水泥颗粒表面的亲水性能，改善了水泥的流动性，因此，水泥标准稠度用水量降低。凝结时间则随表面活性剂种类不同表现出一定的差异性，各种表面活性剂对水泥的初凝结时间影响规律没有明显规律，但终凝时间却显著增加。各种表面活性剂的加入没有对掺有钢渣的水泥的安定性造成不利影响，安定性合格。

表 6-1　表面活性剂对水泥物理性能的影响

样品	安定性	标准稠度用水量/%	凝结时间		强度/MPa				活性系数
			初凝时间	终凝时间	3d 抗折	28d 抗折	3d 抗压	28d 抗压	
S	合格	0.275	2：42	3：24	5.0	9.6	24.1	54.2	1.00
A1	合格	0.267	2：05	3：57	4.3	7.2	19.4	35.0	0.65
A2	合格	0.265	2：13	4：03	4.9	8.1	23	42.3	0.78
A3	合格	0.266	2：35	3：47	4.9	8.2	20.9	40.2	0.74
B1	合格	0.262	2：49	4：13	4.4	7.2	19	38.0	0.70
B2	合格	0.257	2：38	4：19	4.1	7.9	19.3	38.3	0.71
B3	合格	0.253	2：15	3：30	4.8	7.8	22	39.9	0.74
C1	合格	0.258	2：45	3：44	4.0	7.7	18	38.8	0.72
C2	合格	0.258	3：07	4：47	5.0	8.1	20.4	45.6	0.84
C3	合格	0.261	2：30	4：47	4.9	7.9	20.9	42.0	0.77
D1	合格	0.264	2：19	4：07	4.2	7.5	18.5	41.5	0.77
D2	合格	0.261	2：59	4：43	5.2	8.4	24.1	49.8	0.92
D3	合格	0.26	2：57	4：54	5.1	8.2	23.6	43.4	0.80
E1	合格	0.261	3：40	5：20	3.7	7.7	16.7	39.5	0.73
E2	合格	0.257	3：35	5：03	4.0	7.8	16.8	39.9	0.74
E3	合格	0.26	2：55	4：37	4.6	8.2	19.3	41.0	0.76

　　钢渣的活性系数是评价钢渣活性以及粉磨效果的重要指标之一。从表 6-1 中可以看出，随着钢渣粉磨时间的延长，其活性系数基本呈现先升高再降低的趋

势，当钢渣粉磨 60min 时，钢渣的活性系数相对而言较高，其中复合表面活性剂 A（三乙醇胺、乙二醇与去离子水的复配）对钢渣的活性系数提高较多，粉磨 60min 时，其活性系数相对对比样提高了 18%，分析原因可能是钢渣加入表面活性剂 A 粉磨后，增加了钢渣中 0~32μm 的细颗粒含量，从而增加了钢渣颗粒群的整体比表面积，当钢渣加入到水泥中后，钢渣中的矿物与水接触的面积相应也增大，使矿物与水的作用力得到提高，水分子更易进入矿物内部，从而加速水泥的水化反应，使水泥的 28d 强度得到提高，相应的，其活性系数值较大。

6.2.3 钢渣的活性激发作用机理

6.2.3.1 钢渣粉磨后的微观特征

图 6-1（a）~（c）分别为钢渣粉磨不同时间（45min、60min、75min）后的 SEM 图，从图中可以看出，钢渣粉磨 45min 后，物料中还明显存在一些较大的颗粒，随着粉磨时间的增加，大颗粒逐渐减少直至消失。粉磨过程不仅仅只是物料颗粒减小的过程，在大颗粒变小的同时往往还伴随着物料中晶体内部结构的改变以及物料表面一些物化性质的变化。由于粉磨后，物料的比表面积的增加，引起物料表面能的增加，在物料的颗粒内部会发生晶格的错位和缺陷等现象，从而可能使物料的表面形成一种易与水产生反应的非晶态结构形态。从图 6-1（c）中也可以看出，相较于粉磨 60min 时的图片，钢渣粉磨 75min 后的图片中，大颗粒明显又逐渐增多，导致这种现象产生的原因可能是：当物料粉磨到一定状态时，继续对其进行粉磨，颗粒间的作用力逐渐增大，部分细颗粒又重新团聚在一起。

图 6-1（d）、（e）分别是采用乙二醇、表面活性剂 A 作为活性剂加入到钢渣中，粉磨 60min 后钢渣的 SEM 图片。从图中可以看出，当采用乙二醇作为表面活性剂时（见图 6-1（d）），可以明显看出部分大颗粒的存在。而采用表面活性剂 A 的钢渣中，则明显可以观测到，其细颗粒较多，大颗粒相对较少，且钢渣颗粒大小整体分布较为均匀。对图 6-1（d）中含有的大颗粒进行能谱（EDS）分析后发现，这些大颗粒中 Ca 元素的含量较多，而较小的颗粒中则存在较多的 Mg 和 C；图 6-1（e）中颗粒相对较小，对其中稍大一些的颗粒和较小颗粒进行 EDS 测试，结果表明，无论是大颗粒还是小颗粒，均含有较多的 Ca 元素，而 C 元素的能谱也较高，说明表面活性剂 A 与钢渣颗粒粉磨后，结合较好。

6.2.3.2 表面活性剂对钢渣比表面积的影响

粉磨时间、表面活性剂的种类对物料的比表面积均会产生较大的影响。随着粉磨时间逐渐延长，物料的比表面积也逐渐增加，颗粒之间的能量显著增大；继续延长粉磨时间，物料颗粒间作用力逐渐增大，当增大到一定程度时，又会产生物料颗粒团聚的现象，其较为直观表现就是粉磨物料的比表面积不升反降，筛余也逐渐增加。粉磨时，在物料中加入表面活性剂后，表面活性剂分子会吸附在物

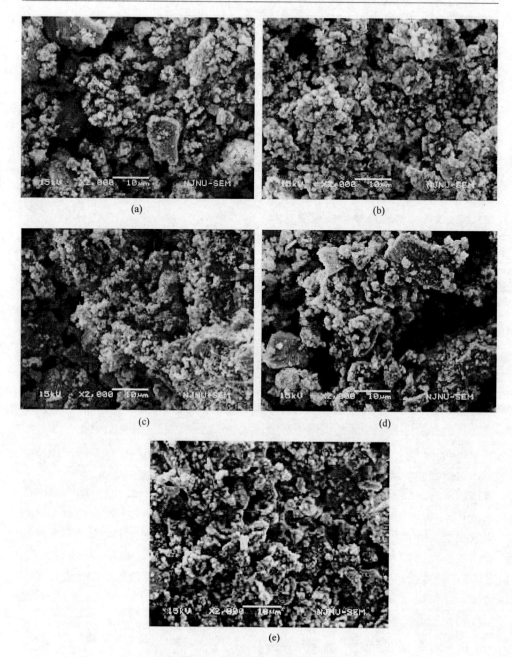

图 6-1   粉磨后钢渣的 SEM 图

料颗粒的表面，降低颗粒的表面能，对颗粒团聚现象起到阻止的作用，因而能够对物料的比表面积起到显著增加的作用。

表面活性剂种类、物料粉磨时间对钢渣比表面积的影响见表 6-2。从表中可以看出，掺加表面活性剂后，钢渣的比表面积明显提高。三乙醇胺在粉磨过程中对物料中的细颗粒粉磨贡献较大[93]，因此使用其作为助磨剂或表面活性剂对物料比表面积的增加效果好，表中，当使用三乙醇胺作为表面活性剂粉磨 75min 时，钢渣的比表面积相对未加表面活性剂的钢渣而言，提高了 17.7%，而乙二醇在粉磨过程中则对提高粉磨物料的均匀性有利，因此粉磨 75min 时，钢渣的比表面积相对而言，比掺加三乙醇胺时稍低一些。钢渣粉磨 45min 时，用乙二醇作为表面活性剂，钢渣的比表面积提高幅度不大，掺加表面活性剂 B 的钢渣甚至比未加助磨剂的空白样还低 4% 左右，原因可能是，加入表面活性剂后，在一定的粉磨时间内，钢渣总体虽然有所磨细，但是物料中的细颗粒（小于 3μm）可能有所减少，从而导致比表面积变化不大，甚至会呈现出降低的趋势。

表 6-2 钢渣在不同条件下粉磨后的比表面积

助磨剂	比表面积/g·(m²·kg)⁻¹		
	45min	60min	75min
未加助磨剂	366.9	392.6	423.4
三乙醇胺	398.3	411.5	498.5
乙二醇	372.6	416.2	472.3
助磨剂 A	394.6	427.3	435.8
助磨剂 B	351.4	398.6	445.8

6.2.3.3 表面活性剂对钢渣粒度分布的影响

比表面积在一定程度上可以表征表面活性剂的助磨效果，但是，有研究[94]认为如果仅仅用比表面积来衡量，显然是不够的。因为比表面积依赖于水泥颗粒的粒径分布或者堆积密度影响，颗粒越小比表面积越大，但是无法具体反映颗粒粒径分布以及颗粒的分散度[95,96]。而颗粒群粒度分布的测定，能够反映颗粒群中各种粒径颗粒的相对含量，是较为全面表征粉体粒度的物理量。

由于提高钢渣活性的目的是将其作为辅助性胶凝材料大掺量的应用于水泥行业中，现有的研究和实践支持不同的物料颗粒结构互补。目前，对粒径分布对水泥强度的影响观点不是很统一。国内外公认的是[97]：3~32μm 颗粒对强度增长起主要作用，其粒度分布是连续的，总量不低于 65%。超细颗粒（小于 3μm）可能会有早强作用，但对水泥凝结时间、流变性能等产生不良影响[98]。

表 6-3 是钢渣的粒径分布。从表中可以看出，掺加表面活性剂后，相比较空白样而言，对钢渣 3~32μm 范围颗粒含量都有不同程度的提高，钢渣的粒径分布变窄，其中，表面活性剂 A 的效果最明显，所以表面活性剂 A 可以明显提高钢渣的活性系数。而用乙二醇作为表面活性剂的钢渣，粉磨后，3~32μm 颗粒并未

增加（7~9组），原因可能是因为乙二醇更有利于提高粉磨物料的均匀性。同时，从表中可以看出，粉磨45min时，用表面活性剂B作为表面活性剂，相对空白样（未掺加表面活性剂粉磨45min）而言，钢渣中的细颗粒（小于3μm）减少，而3~32μm的细颗粒却增加了，这也解释了此组比表面积相比对比样为何降低的原因。从实验结果来看，无论对比表面积还是颗粒分布，表面活性剂A相比其他表面活性剂效果最为明显。

表6-3　不同粒径范围颗粒群分布

样品	掺量/%	比表面积 /m² · kg⁻¹	颗粒粒径分布（体积分数)/%			
			<3μm	3~32μm	32~60μm	>60μm
0	0	320.5	14.02	58.45	20.97	6.56
1	0	366.9	15.32	47.74	26.58	10.36
2	0	392.6	20.51	54.03	18.01	10.45
3	0	423.4	26.62	56.32	14.73	2.33
4	0.01	398.3	23.76	61.6	10.92	3.72
5	0.01	411.5	25.5	64.42	7.79	2.29
6	0.01	498.5	21.13	61.4	3.79	13.68
7	0.01	372.6	12.43	50.43	13.63	23.51
8	0.01	416.2	19.04	51.8	19.41	9.75
9	0.01	472.3	16.11	55.13	17.31	11.45
10	0.01	394.6	11.39	68.44	14.49	5.68
11	0.01	427.3	3.83	74.52	17.84	3.81
12	0.01	435.8	28.67	59.19	9.46	2.68
13	0.01	351.4	10.81	57.72	13.51	17.96
14	0.01	398.6	13.47	53.55	15.11	17.87
15	0.01	445.8	11.23	66.62	6.2	15.95

注：0组为水泥的粒径分布，1~3、4~6、7~9、10~12、13~15组分别为未掺加表面活性剂以及掺加三乙醇胺、乙二醇、表面活性剂A、表面活性剂B作为表面活性剂粉磨不同时间后的粒径分布。

6.2.3.4　水泥电阻率实验

图6-2是纯水泥样S和钢渣掺量分别为20%、30%、40%的水泥样A42、B42、C42的水化1d的电阻率变化曲线（添加表面活性剂A、粉磨时间为

60min）。从图中可以看出，电阻率变化可分为两个过程：

第一阶段：从开始水化到1h左右这段时间，加表面活性剂粉磨的钢渣水泥电阻率比纯水泥高，这说明钢渣水泥经加表面活性剂粉磨后，其水化过程加速，可以在较短的时间内使结构变的致密，钢渣掺量越高，电阻率越大。

第二阶段：从1h到24h，A42、B42、C42的电阻率数值小于纯水泥。且随着时间的增加，电阻率的差值越来越大。说明钢渣掺量越大，水泥水化程度越慢，电阻率越小。

在水化前期，电阻率反映了水泥浆体的致密度和强度，钢渣掺量越少，电阻率越大，水化强度越大，说明其浆体结构与其他试样相比就越致密，应该具有越高的强度。从钢渣水泥3d抗压强度结果来看，电阻率与强度的变化趋势能明显地显示出来。钢渣的大量掺杂对水泥的早期强度增长不利。

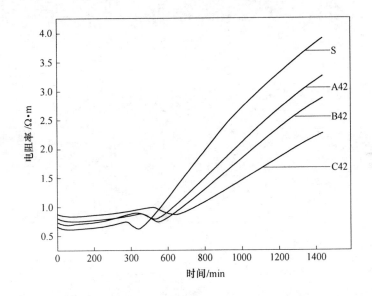

图6-2　S、A42、B42、C42试样的电阻率-水化时间曲线

图6-3是纯水泥S和钢渣掺量均为20%，粉磨时间均为60min时，掺加不同表面活性剂（三乙醇胺、乙二醇、助磨剂A、助磨剂B）的水泥水化1d的电阻率变化曲线。从图中可以看出，电阻率变化同样可分为两个过程：

第一阶段：从开始到1h左右这段时间，加不同表面活性剂粉磨的四组钢渣水泥电阻率比纯水泥高，但差值不大，说明加入表面活性剂后水泥水化过程加速，但此时，不同种类的表面活性剂对这个阶段的水泥水化影响差别不大。且钢渣的加入促进了其1h内的水化进程。

第二阶段：从1h到24h，水泥浆体A12、A22、S、A52、A32、A42的电阻

率数值依次递减。说明 1d 的时间内，不加表面活性剂的那一组 A12 和加入三乙醇胺的 A22 电阻率大于纯水泥 S，说明这两组加速了水泥的水化进程。电阻率越大说明其浆体结构与其他试样相比相对致密，不同表面活性剂对钢渣水泥的水化影响程度不同，这和表面活性剂对颗粒的粒度分布及颗粒比表面积影响有关。

但其他几组电阻率均低于纯水泥，可以认为，表面活性剂的加入降低了水泥的 1d 之内的水化进程。1d 之后，表面活性剂的作用逐渐显现，这从其 3d 强度结果可以看出。

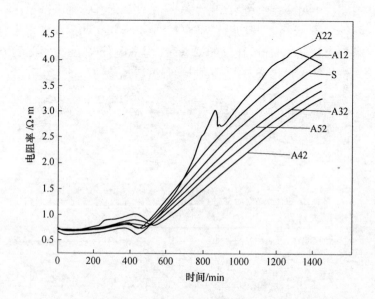

图 6-3　S、A12、A22、A32、A42、A52 试样的电阻率-水化时间曲线

6.2.3.5　表面活性剂对水泥孔结构分析

对水泥浆体水化 3d、28d 试样，通过 Poromaster GT-60 压汞仪进行孔结构测试，结果见表 6-4。其中 S、B2、D2 试样分别为纯水泥、掺加 30%粉磨 60min 后的钢渣（未掺加表面活性剂）的胶凝材料、掺加 30%活性系数最高的钢渣的胶凝材料。三组试样的孔结构参数见表 6-4。

三组试样的 3d 总孔隙率分别为 18.14%、19.71%和 19.15%，纯水泥的总孔隙率最小，而 D2 组的 3d 孔隙率虽然较高，但是其孔隙中，大于 100nm 的孔隙所占的比率却下降，且 30~50nm 的少微害孔比率有所增加，这是其早期强度与纯水泥相比并未降低太多的原因之一。

三组试样的 28d 总孔隙率分别为 5.35%、9.43%和 8.73%。从孔径分布来看，三组试样 28d 小于 50nm 的孔分别为 86.36%、88.99%、90.38%，掺加钢渣的浆体孔径分布较空白样更加细化。说明混合材能有效填充大孔，降低孔隙率，改善孔径分布，提高浆体致密度。其中 D2 组试样总孔隙率高于对比样，但孔径分布却更为细化，表现在力学性能上就是其强度相较纯水泥并未下降太多。而 B2 组孔径分布虽更为细化，但是可能是大于 100nm 孔中存在较大空洞，从而使整个孔隙率上升，大孔的存在导致硬化水泥浆体强度大大下降。故掺加钢渣混合材能在一定程度上改善孔径分布，但是可能会在浆体中形成一定量的大孔隙，加上胶凝材料相对较少，没有足够的碱性激发剂来激发混合材的活性，故大掺量混合材浆体强度下降很大，总孔隙率相对较大。而利用表面活性剂 A 后这种情况得到了改善。

表 6-4　水泥浆体孔结构测试值

样品编号	总孔隙率 /%	中间孔径 /nm	孔径分布/%			
			<30nm	30~50nm	50~100nm	>100nm
S-3d	18.14	48.57	24.37	28.94	38.09	8.6
B2-3d	19.71	49.42	25.32	27.90	41.20	5.58
D2-3d	19.15	47.38	22.45	31.75	42.35	3.45
S-28d	5.35	22.38	72.15	14.21	4.67	8.97
B2-28d	9.43	21.69	71.90	17.09	4.87	6.14
D2-28d	8.73	21.59	71.94	18.44	4.81	4.81

对水泥粉磨性能的明显改善作用使得表面活性剂在现在水泥生产中的应用越来越受到重视，应用范围也越来越广泛，针对不同性质的矿物掺合料特别是难磨物质如钢渣等专门表面活性剂的研究也处于蓬勃发展阶段。从国内外的研究工作来看，对水泥表面活性剂的应用主要看中其助磨作用及对强度的增强作用，由于表面活性剂产品配方多，质量参差不齐，在水泥粉磨应用过程中对水泥产品的质量，例如在凝结时间，标准稠度用水量，水泥与外加剂产品的适应性等方面有不同程度的影响，如何设计合理的表面活性剂配方，使其在水泥粉磨应用过程中水泥的各项性能得到共同改善和提高，是需要克服的难题。表面活性剂的研究由于涉及的影响因素较多，使用场合的广泛性，因此研究上具有一定的难度，如何使助磨剂的研究更具有针对性是水泥工作者考虑的要点。

本实验中，表面活性剂的掺加可以使钢渣的比表面积大幅度增加，提高了钢渣的粉磨效率。加入表面活性剂后，钢渣 3~32μm 范围的颗粒含量都有不同程度的提高，钢渣的粒径分布变窄，其中，表面活性剂 A 的效果最明显。本实验中，用表面活性剂 A 作为表面活性剂、粉磨时间为 60min 左右，钢渣掺量为 30% 时，钢渣的活性系数最高，达到 0.92，可以实现钢渣制备高活性辅助性胶凝材料的要求，实现钢渣的最大化利用。

6.3　粉煤灰的活性激发

6.3.1　实验方案

对粉煤灰进行粉磨的目的主要是激发其内在活性。本章将粉煤灰与 5% 的石膏混合均匀后，取 5kg 入 $\phi500mm\times500mm$ 标准实验小磨中后，加入配制好的活性激发剂后进行粉磨，对粉煤灰的活性进行物理与化学复合激发。表面活性剂的加入方式采取当物料入小磨后将配置好的表面活性剂以喷雾的方式均匀喷洒到待粉磨粉煤灰表面。每组的粉磨时间固定为 20 min。本实验选择两种液体有机物二乙二醇和三异丙醇胺（记为 A 和 B），与两种无机盐 Na_2SO_4 和 CH_3COONa（记为 C 和 D），将几种激发剂单掺或复配后加入到粉煤灰中进行粉磨，实验配合比见表 6-5，其中活性激发剂的掺加量为质量比。

粉煤灰的活性计算方法同钢渣，即按下式计算：

$$H_{28} = \frac{R}{R_0} \times 100\%$$

式中　H_{28}——活性指数，%；

　　　R——试验胶砂 28d 抗压强度，MPa；

　　　R_0——对比胶砂 28d 抗压强度，本书中的 R_0 为对比样 PO52.5 水泥的 28 天抗压强度，单位为兆帕（MPa），精确至 0.1。

表 6-5　表面活性剂的实验配合比

样品编号	A 掺加量/%	B 掺加量/%	C 掺加量/%	D 掺加量/%
0	—	—	—	—
1	0.01	—	—	—
2	0.01	—	0.5	—
3	0.01	—	1.0	—
4	0.01	—	—	0.5
5	0.01	—	—	1.0
6	—	0.01	—	—
7	—	0.01	0.5	—
8	—	0.01	1.0	—
9	—	0.01	—	0.5
10	—	0.01	—	1.0

6.3.2 粉煤灰的活性激发效果

表6-6是对粉煤灰进行活性激发后的活性系数。

表 6-6　粉煤灰水泥砂浆强度及活性指数

样品编号	抗折/MPa		抗压/MPa		活性系数
	3d	28d	3d	28d	
0	3.3	7.8	16.2	32.8	0.62
1	3.1	7.5	15.5	29.7	0.57
2	3.6	8.0	18.7	35.0	0.67
3	3.3	9.0	16.9	40.9	0.78
4	4.0	8.6	20.9	40.2	0.77
5	3.2	8.1	16.2	35.9	0.68
6	3.7	8.4	15.9	38.9	0.74
7	4.4	10.1	21.3	50.4	0.96
8	4.9	9.3	25.0	50.9	0.97
9	3.8	8.4	17.0	41.8	0.80
10	2.9	7.4	11.8	33.1	0.63
未粉磨粉煤灰	4.5	8.3	18.0	38.6	0.74
纯水泥	6.3	9.5	29.5	52.5	1.00

一般情况下，增加物料的比表面积是改善物料活性的较有效手段之一，但是过度的增加物料的比表面积有时候会呈现相反的效果，表6-6中，未粉磨的粉煤灰其活性已达到0.74，比粉磨20min后的粉煤灰活性还要高，究其原因，可能跟粉煤灰的颗粒状态有关，未加表面活性剂的粉煤灰粉磨后，粉煤灰颗粒的滚珠状态被破坏，虽然其比表面积增加，但同时需水量也增加，比表面积增加的效果低于其需水量对其活性的影响，因此粉磨后活性反而降低。而加入表面活性剂后，表面活性物质吸附在颗粒表面形成吸附膜，改善了水泥的流动性，需水量降低，因此活性相比不加表面活性剂的粉煤灰或多或少均有不同程度的增加。其中第7、8组激发效果最好，粉煤灰的28d活性达到了0.96以上，即三异丙醇胺与Na_2SO_4复配对粉煤灰的激发最为有利。

6.3.3 粉煤灰活性激发作用机理

6.3.3.1 表面活性剂对粉煤灰颗粒分布的影响

应用灰色关联理论分析可知，一般粉煤灰颗粒中粒径分布在 $10 \sim 20\mu m$ 的粉煤灰颗粒含量与水泥力学性能的关联度最大。因此，应尽量提高粉煤灰中 $10 \sim 30\mu m$ 的颗粒含量，限制或减少小于 $10\mu m$ 以及 $30 \sim 45\mu m$ 之间的颗粒含量，减少 $45\mu m$ 以上粒径的颗粒含量[83]。Zhang 等[99] 对粉煤灰的比表面积以及粒径分布进行测试，结果表明，当实验中所用的粉煤灰颗粒较为细小，其比表面积达到某一数值（$665m^2/kg$），$0.3 \sim 1\mu m$ 的粉煤灰颗粒占 10.87% 以上，$1 \sim 10\mu m$ 占 65.0% 时，此时，在水泥水化早期就有大量的粉煤灰细颗粒外表面与 $Ca(OH)_2$ 接触，较快的发生火山灰反应。

表6-7 为粉煤灰在不同条件下的颗粒粒径分布。从表中可以看出，粉煤灰中加入表面活性剂粉磨后，颗粒粒径分布有所改善，$0 \sim 32\mu m$ 的粒径均有增加，其中第7、第8组粒径分布改善情况最为明显，$0 \sim 32\mu m$ 的粒径占到了 70% 以上，这和其活性测试结果相吻合，说明 $0 \sim 32\mu m$ 的颗粒粒径明显能够提高粉煤灰的活性。

表 6-7 不同粒径范围颗粒群分布

样品编号	粒径分布（体积分数）/%			
	$<3\mu m$	$3 \sim 32\mu m$	$32 \sim 60\mu m$	$>60\mu m$
0	14.67	45.9	37.76	1.67
1	12.21	42.18	41.97	3.64
2	14.55	49.93	32.01	3.51
3	16.1	51.12	29.72	3.06
4	18.01	47.88	30.57	3.54
5	17.79	49.81	31.01	1.39
6	18.38	48.67	31.46	1.49
7	22.21	53.98	21.79	2.02
8	22.79	52.34	24.01	0.86
9	17.01	53.45	27.63	1.91
10	13.85	46.1	37.01	3.04
未粉磨粉煤灰	10.01	40.09	38.13	11.77

6.3.3.2 粉煤灰活性激发后对水化产物微观结构的影响

用 SEM 测试方法可以观测到水泥硬化浆体表面的形貌，对粉煤灰的活性表征有一定的作用。图 6-4 中（a）～（d）分别为水泥中掺加 30% 未加表面活性剂的粉煤灰（粉磨 20min）、复合掺加 0.01% 三异丙醇胺和 1.0% Na_2SO_4 的粉煤灰（粉磨 20min）、原状粉煤灰以及纯水泥的水泥水化 3d 的 SEM 图。从图中可以看出，水泥中加入未加活性表面剂的粉煤灰，无论是粉磨后还是原状灰，均可以看到，水化 3d 时，粒径不等的粉煤灰颗粒被包裹或者镶嵌在水泥水化产物中（图 6-4（a）、（c）），且由于水泥水化生成的凝胶含量少，不足以将所有的粉煤灰颗粒包裹，因此，在试样表面会产生由于粉煤灰颗粒脱落留下的一些凹坑。而加入表面活性剂后的粉煤灰水泥中由于水泥水化生成的凝胶含量多，粉煤灰颗粒被较好的包裹在水泥水化产物中。

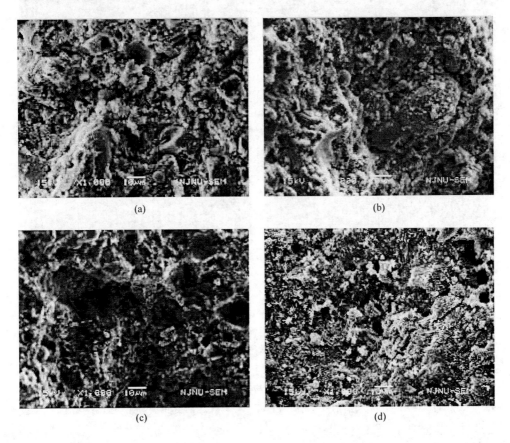

图 6-4　粉煤灰水泥 3d 的 SEM 图

图 6-5 是四组试样 28d 的 SEM 图，（a）～（d）分别为水泥中掺加 30% 未加表面活性剂的粉煤灰（粉磨 20min）、复合掺加 0.01% 三异丙醇胺和 1.0% Na_2SO_4 的

粉煤灰（粉磨 20min）、原状粉煤灰以及纯水泥的水泥水化 28d 的 SEM 图。从图中可以看出，水泥水化 28d 时，图 6-5 (a)、(b) 中的粉煤灰颗粒表面均被反应产物所覆盖，形成絮状凝胶，导致 SEM 图片轮廓相对较为模糊，尤其在图 6-5 (b) 中发现部分粉煤灰球状颗粒表面产生明显侵蚀现象，表明此组水泥中粉煤灰的火山灰反应较为剧烈，因此，结合其活性系数，可以认为，通过 0.01%三异丙醇胺和 1.0%Na_2SO_4复合表面活性剂处理过的粉煤灰，其活化程度较高。

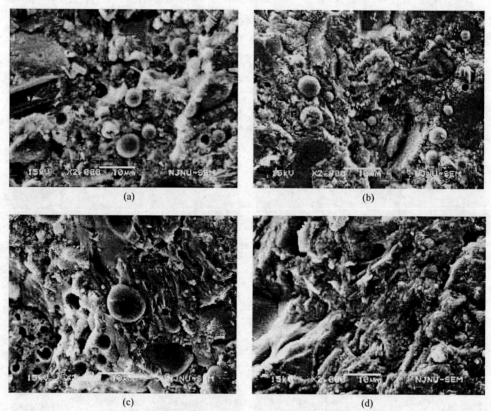

(a)　　　　　　　　　　　　　　　　(b)

(c)　　　　　　　　　　　　　　　　(d)

图 6-5　粉煤灰水泥 28d 的 SEM 图

6.3.3.3　粉煤灰激发后对粉煤灰水泥早期电阻率的影响

水泥浆体的电阻率大小与水泥浆体中的离子浓度有很大关系，水泥中加入水后，迅速发生反应，生成含有 Ca^{2+}、OH^-、SO_4^{2-} 等多种离子的浓缩溶液，在水泥浆体中，这些离子在电场的作用下会由于移动而产生一定的电流，从而导致水泥浆体电阻率的变化[100,101]。采用电阻率的变化可以用来描述水泥的水化进程，尤其是水泥的早期水化进程。根据水泥浆体电阻率的大小变化和水化产物 $Ca(OH)_2$含量的变化规律，一般可以将水泥水化分为初始期、诱导期、加速期和

减速期四个阶段。图 6-6 分别是掺加 30% 未加表面活性剂的粉煤灰（粉磨
20min）的水泥、掺加 30% 采用 0.01% 三异丙醇胺和 $1.0Na_2SO_4$ 激发后的粉煤灰
（粉磨 20min）的水泥、掺加 30% 原状粉煤灰的水泥以及纯水泥浆体的电阻率变
化趋势，从图中可以看出，水泥中加入粉煤灰后，水泥水化的诱导期相对纯水泥
有所滞后，即在水泥水化前期，第 4 组的水化浆体电阻率相较其他几组增长速度
较快，但是随着水化时间的延长，掺加粉煤灰的各组水泥的电阻率也逐渐开始变
化，进入水泥水化加速期。24 h 后第 2 组即掺加加入表面活性剂的粉煤灰的水泥
其电阻率相对其他两组较大，这与粉煤灰活性的表征结果基本一致，从侧面反映
了经过三异丙醇胺和 1.0% Na_2SO_4 复合表面活性剂处理的粉煤灰其水化进程较
快，表面活性剂加速了水泥的水化。

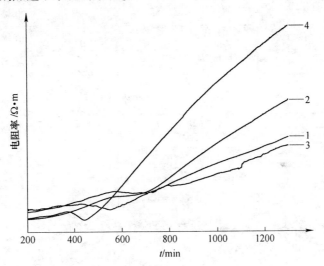

图 6-6　粉煤灰水泥的 24h 电阻率曲线图
（1~4 分别对应实验编号为 0、8、11、12 的各组试样）

　　综上所述，复合表面活性剂（三异丙醇胺与 Na_2SO_4 的复配）对粉煤灰的活
性激发效果最佳，活性系数达到 0.96 以上。表面活性剂对粉煤灰水泥的早期水
化进程有一定的促进作用，分析原因有两个方面：一是活性剂成分参与到水泥水
化进程中去，促进了水泥水化；二是活性剂在粉磨过程中使粉煤灰的活性得到提
高，从而使粉煤灰中的较多的活性成分参与了水泥的早期水化反应。

6.4　活性激发后的钢渣、粉煤灰在水泥中的水化行为研究

6.4.1　实验数据

　　采用表面活性剂 A 激发后的钢渣进行本部分实验，粉磨时间为 60min，在水

泥中的掺量为30%，记为SSR3与SSB3组系列试验进行对比。

对粉煤灰的活性激发采用表面活性剂B（0.01%）和C（1.0%）的复配，对粉磨激发后的粉煤灰进行筛选，筛选粒径为0~60μm的粉煤灰，其比表面积为523m²/kg，记为FR3，比未加表面活性剂的粉煤灰FB比表面积稍高。在水泥中的掺量为30%，与FB30组的系列试验进行对比。

试验结果见表6-8~表6-10。

表6-8　反应程度　　　　　　（%）

样品	3d	7d	14d	28d	60d	90d
SSB3	3.89	5.05	11.09	16.53	16.58	17.03
SSR3	5.71	6.94	13.46	19.98	20.03	20.13
FB3	2.68	3.06	4.12	6.01	10.76	16.61
FR3	4.47	5.83	6.10	9.32	11.51	19.65

表6-9　化学结合水含量　　　　　　（%）

样品	3d	7d	14d	28d	60d	90d
SSB3	9.53	10.35	12.09	16.50	16.72	16.80
SSR3	9.92	11.09	13.21	16.75	17.03	17.21
FB3	8.73	10.44	13.15	14.84	15.06	15.49
FR3	9.23	10.98	14.01	15.60	15.79	16.21

表6-10　氢氧化钙含量　　　　　　（%）

样品	3d	14d	28d	90d
SSB3	14.26	16.81	17.01	18.99
SSR3	13.79	16.66	16.81	17.63
FB3	16.05	19.48	19.72	18.10
FR3	15.49	18.72	18.60	17.23

6.4.2　钢渣和粉煤灰活性激发后的水化行为

6.4.2.1　活性激发对钢渣反应程度的影响

钢渣和粉煤灰活性激发后，可以有效改善物料的颗粒粒径，增加物料的比表面积，从而加入到水泥中可提高水泥的力学性能，相比掺加未进行活性激发的辅助胶凝材料的水泥而言，掺加活性激发后的辅助性胶凝材料的水泥其早期性能也较为优异。这应该跟辅助性胶凝材料活性激发后能促进其在水泥中的水化作用有关。

图 6-7（a）和（b）分别是激发后的钢渣和粉煤灰与未激发的钢渣和粉煤灰反应程度趋势图。从图中 6-7（a）可以看出，激发后的钢渣明显在各个龄期其反应程度均比未激发的钢渣高。水化 28d 之前，激发后的钢渣反应程度增长很快，钢渣的激发优势在后期完全显现出来，相比未激发的钢渣而言，28d 之后的钢渣的反应程度远远高于未激发的钢渣的反应程度。但是 28d 之后，钢渣的反应程度增长缓慢，分析原因，可能跟钢渣本身的特性以及采用的测试钢渣的反应程度方

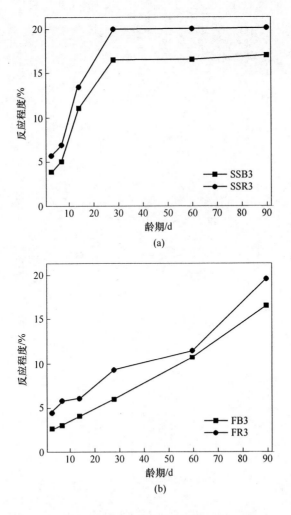

图 6-7　激发前后钢渣和粉煤灰在水泥中的反应程度

（a）钢渣；（b）粉煤灰

法有关。从图中 6-7（b）可以看出激发后的粉煤灰无论在水化初期还是在水化后期，其反应程度均比未激发的粉煤灰高。尤其是在水化初期，如 3d 时，激发后的粉煤灰反应程度几乎是未激发的粉煤灰的反应程度一倍还多，这说明粉煤灰的激发，可以有效改善粉煤灰的早期水化特性。

6.4.2.2　活性激发对钢渣—水泥体系和粉煤灰—水泥体系化学结合水的影响

化学结合水一定程度上代表了水泥中水化产物的多少。

图 6-8（a）和（b）是分别是激发后的钢渣、粉煤灰与未激发的钢渣、粉煤灰加入到水泥中后，水泥体系在不同龄期的化学结合水含量。

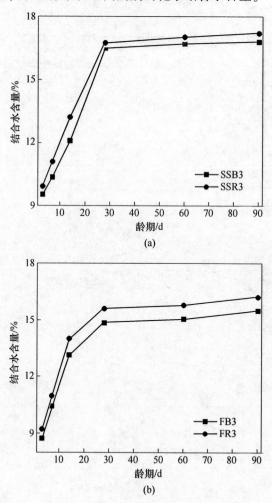

(a)

(b)

图 6-8　激发前后钢渣—水泥体系和粉煤灰—水泥体系的化学结合水

（a）钢渣；（b）粉煤灰

从图 6-8 中可以看出，无论是水泥水化早期还是水化后期，激发后的钢渣掺加到水泥中后，其水泥体系的化学结合水含量都要比未激发的钢渣体系高，这也充分说明了钢渣激发后可以有效促进钢渣在水泥中的水化。同未激发的钢渣一样，水泥水化 28d 后，体系中的化学结合水增长趋于平缓。而由于粉煤灰早期反应很慢，因此水泥中加入粉煤灰后，其水化早期的化学结合水比钢渣要低。图 6-8 （b）表明，激发后的粉煤灰掺加到水泥中后，其水泥体系的化学结合水含量同样都要比未激发的粉煤灰体系高，水泥中的结合水含量在 28d 前增长速率较快，28d 后，其增长速度趋于平缓。

6.4.2.3　活性激发对钢渣体系氢氧化钙含量的影响

图 6-9 （a）和 （b）分别是激发后的钢渣、粉煤灰与未激发的钢渣、粉煤灰

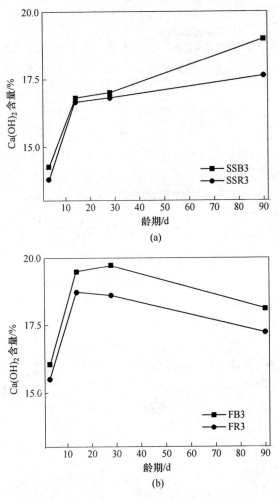

(a)

(b)

图 6-9　激发前后钢渣—水泥体系和粉煤灰—水泥体系的氢氧化钙含量

（a）钢渣；（b）粉煤灰

加入到水泥中后，水泥体系在不同龄期的氢氧化钙含量。

　　氢氧化钙的多少可以反映出辅助性胶凝材料和水泥系统的反应程度。从图中可以看出，无论是水泥水化早期还是水化后期，激发后的钢渣、粉煤灰掺加到水泥中后，其水泥体系中的氢氧化钙含量都要明显低于未激发的物料体系，说明激发后的辅助性胶凝材料在水化过程中消耗了大量的氢氧化钙，生成一定数量的水化产物，促进了水泥的水化进程，使水泥的结构趋于致密。对钢渣而言，在水化龄期90d时，激发前后水泥中氢氧化钙的含量差别最大，这应该从另一个方面说明90d时，钢渣仍在反应；而粉煤灰在水泥水化28d后，与未激发的粉煤灰相比，两者的氢氧化钙含量相差也较大，说明粉煤灰在水化后期仍在消耗大量的氢氧化钙进行反应，这同测得的其反应程度结果相符合。

6.5　本章小结

　　本章主要研究了钢渣、粉煤灰的活性激发，以及活性激发对其反应程度、水泥浆体中的化学结合水含量、氢氧化钙含量的影响。具体结论如下：

　　（1）钢渣的活性激发：对钢渣进行活性激发后，有效改善了钢渣的粒径分布，提高了钢渣中 $3 \sim 32\mu m$ 的颗粒含量，钢渣的粒径分布变窄，改善了钢渣的粉磨效率。本实验中，用表面活性剂 A 作为表面活性剂、粉磨时间为60min 左右，钢渣掺量为30%时，钢渣的活性系数最高，达到0.92，可以实现钢渣制备高活性辅助性胶凝材料的要求。

　　（2）粉煤灰的活性激发：三异丙醇胺和 Na_2SO_4 复合配制对粉煤灰的活性激发效果最佳，活性系数达到0.96；同时粉煤灰活性激发后，掺加到水泥中时，对水泥的早期水化进程也有促进作用。

　　（3）活性激发后的钢渣、粉煤灰在各个龄期其反应程度均比未激发的钢渣、粉煤灰高；水化28d 之前，激发后的钢渣反应程度增长很快，钢渣的激发优势在后期完全显现出来；在水化3d 时，激发后的粉煤灰反应程度几乎是未激发的粉煤灰的反应程度的两倍，有效改善了粉煤灰的早期水化特性。

　　（4）化学结合水一定程度上代表了水泥中水化产物的多少。激发后的钢渣掺加到水泥中后，其水泥体系的化学结合水含量都要比未激发的钢渣体系高；粉煤灰早期反应很慢，因此水泥中加入粉煤灰后，其水化早期的化学结合水比钢渣要低，水泥中的结合水含量在28d 前增长速率较快，28d 后，其增长速度趋于平缓。

7 反应程度与水泥物理性能的
关系及其作用机理

水泥的力学性能是水泥最主要的性能之一，所有微观的特征最终仍要和宏观相联系，本章就辅助胶凝材料的反应程度与强度之间的关系进行研究，以期对其内在联系进行判定。由于一般抗折强度和抗压强度的变化趋势基本一致，所以本章仅对抗压强度与辅助性胶凝材料的反应程度之间的关系进行研究。

7.1 实验配合比

实验采用单掺和复掺两种配合比，具体配和比见表 7-1 和表 7-2。

表 7-1 单掺辅助性胶凝材料时水泥配合比

编号	水泥	粉煤灰	矿渣	钢渣
0	100	—	—	—
1	70	30（FA）	—	—
2	70	30（FB）	—	—
3	70	30（FC）	—	—
4	70	—	30（SA）	—
5	70	—	30（SB）	—
6	70	—	30（SC）	—
7	70	—	—	30（SSA）
8	70	—	—	30（SSB）
9	70	—	—	30（SSC）
10	50	50（FA）	—	—
11	50	50（FB）	—	—
12	50	50（FC）	—	—
13	50	—	50（SA）	—

编号	水泥	粉煤灰	矿渣	钢渣
14	50	—	50（SB）	—
15	50	—	50（SC）	—
16	50	—	—	50（SSA）
17	50	—	—	50（SSB）
18	50	—	—	50（SSC）

表 7-2　复合掺辅助性胶凝材料时水泥配合比

编号	水泥	粉煤灰（FB）	矿渣（SB）	钢渣（SSB）
A	50	30	20	—
B	50	30	—	20
C	50	30	10	10
D	50	20	30	—
E	50	—	30	—
F	50	10	30	10
G	50	20	—	30
H	50	—	20	30
I	50	10	10	30

7.2　二元体系辅助性胶凝材料反应程度与强度的关系

7.2.1　辅助性胶凝材料的比表面积对水泥强度的影响

对于水泥的力学性能来讲，辅助性胶凝材料的比表面积是影响其性能的一个重要因素之一。

图 7-1（a）～（c）分别是粉煤灰、矿渣和钢渣掺量为 30%时，比表面积不同时对水泥抗压性能的影响趋势图。从图中可以看出对粉煤灰而言，随着比表面积的降低，水泥的抗压强度降低；但对于矿渣和钢渣来讲，均是 SB 和 SSB 这一组比表面积的物料加入到水泥中时水泥的抗压强度最高。这说明辅助性胶凝材料的颗粒级配过窄或者比表面积过大，并不一定就能获得良好的性能，一味地追求

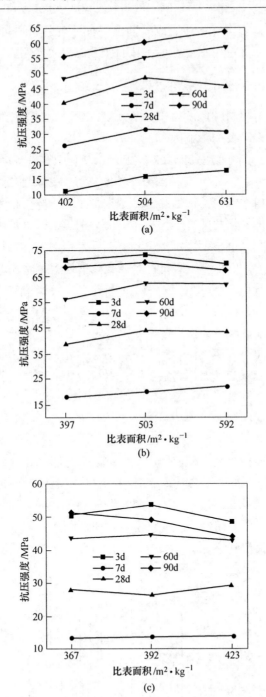

图 7-1 辅助性胶凝材料的比表面积与水泥抗压强度的关系（掺量为 30%）

（a）粉煤灰；（b）矿渣；（c）钢渣

细度和比表面积，反而会给抗压强度带来负面影响。当辅助性胶凝材料的比表面积达到一定程度时，如果继续粉磨或者分选，有可能造成细颗粒的团聚，同时，过大的比表面积使水泥的用水量增加，从而使水泥的力学性能降低。

7.2.2　辅助性胶凝材料在水泥中的掺量对水泥强度的影响

除了辅助性胶凝材料的比表面积对水泥的力学性能影响较大外，辅助性胶凝材料的掺量也是一个重要的影响因素。

图 7-2（a）~（c）分别是粉煤灰（FB）、矿渣（SB）和钢渣（SSB）掺量为 30% 和 50% 时，水泥在不同龄期的力学性能趋势图。从图中可以看出，无论是何种辅助性胶凝材料，无论其活性高低，基本上呈现这样一个趋势：随着辅助性胶凝材料掺量的增加，水泥的力学性能降低；龄期延长，水泥力学性能提高。粉煤灰掺加到水泥中时，其早期抗压强度较低，但是水泥一直保持较好的力学性能增长速率，且掺量为 30%，水化 90d，其强度几乎追上纯水泥的强度，同时从图 7-2（b）中也可以看出 SB 组的矿渣在掺量 30% 水化龄期为 90d 时，其强度已超过纯水泥强度；同样，钢渣加到水泥中去，其早期强度相对硅酸盐水泥而言降低幅度较大，但在 90d 的时候，两者的差距已经越来越小；矿渣加入到水泥中，早期强度相对纯水泥而言有所下降，但其后期强度较好，即使矿渣掺量达到 50%，其 28d 强度已比纯硅酸盐水泥高，且后期仍保持较好的增速，到 90d 时，掺量为 30% 的矿渣水泥浆体强度已比纯硅酸盐水泥高出 10MPa 以上，这充分说明，辅助性胶凝材料加入到水泥中去，不但可为二次水化产物沉析提供大量的颗粒表面，同时，还可以使水泥早期水化时生成的水化产物直接沉积在辅助性胶凝材料表面，对水化产物起到相当大的疏散作用，促进了水泥的水化速率，而辅助性胶凝材料颗粒本身在水化早期并未参与水化反应，仅仅只是作为一种填充料填充在水泥水化产物中，直到 OH⁻ 持续侵蚀辅助性胶凝材料细颗粒表面到一定程度时，辅助性胶凝材料才会与 $Ca(OH)_2$ 发生反应，发生时间的早晚跟辅助胶凝性自身的特性有关，一般认为要到 14d 甚至 28d 之后才会发生。

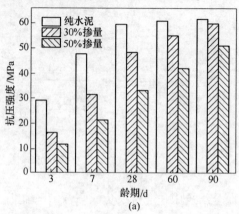

(a)

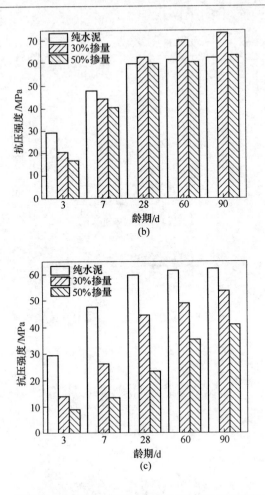

图 7-2　辅助性胶凝材料的掺量与龄期对水泥抗压强度的影响

（a）粉煤灰；（b）矿渣；（c）钢渣

7.2.3　水泥的胶砂抗压强度与辅助性胶凝材料反应程度的关系

　　将水泥的胶砂抗压强度与辅助性胶凝材料的反应程度进行拟合，结果见图 7-3，图 7-3（a）~（c）分别是粉煤灰、矿渣和钢渣在不同比表面积、不同龄期的反应程度与水泥抗压强度的拟合。从三者的拟合结果来看，辅助性胶凝材料的反应程度与水泥抗压强度之间符合以下关系：

$$Q = a - b\ln(\beta) \tag{7-1}$$

式中　Q——掺加辅助性胶凝材料体系的水泥的力学性能；

　　　　β——辅助性胶凝材料的反应程度；

　　a,b——分别为与辅助性胶凝材料本身特性有关的参数。

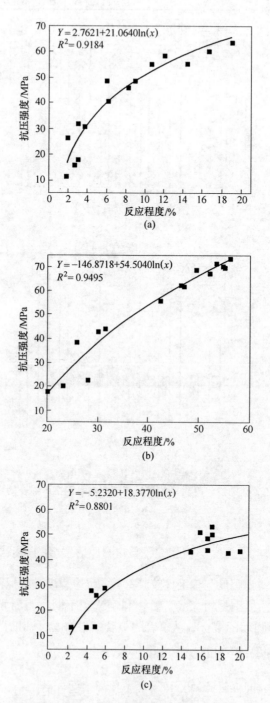

图 7-3 辅助性胶凝材料的反应程度与水泥力学性能之间的关系

(a) 粉煤灰；(b) 矿渣；(c) 钢渣

采用此公式进行拟合后，粉煤灰、矿渣和钢渣三种辅助性胶凝材料的反应程度与水泥力学性能拟合公式的拟合优度均较高，粉煤灰和矿渣的拟合优度 R^2 分别为 0.9184 和 0.9495，钢渣的拟合优度值稍低，离散度相对较高，但仍近似符合对数关系。因此，可以认为二元体系中，辅助性胶凝材料的反应程度与水泥的力学性能之间符合式（7-1）之间的拟合关系。

7.3 复掺时辅助性胶凝材料反应程度与水泥力学性能之间的关系

将矿渣、粉煤灰、钢渣等辅助性胶凝材料复合掺加水泥中时设计的几组配合比 A、B、C、D、…、I，分别对应的是第 3 章设计的配合比中的 F-S3、F-SS3、SFS-6、F-S2、S-SS3、SFS-3、F-SS2、S-SS2、SFS-1 这九组实验，其不同龄期的反应程度在第 3 章已经列出。

由于复合掺加设计的几组实验既有矿渣、粉煤灰和钢渣的两两双掺，还有三者的共同掺加，如何拟合三种辅助性胶凝材料的反应程度与力学性能之间的关系需要慎重考虑。

设计的几组实验中，辅助性胶凝材料的掺加量为 50%，将每一组中的占主导地位即掺加量最多的那一种辅助性胶凝材料的反应程度作为和水泥力学性能相拟合的关键因素，因此，可以将设计的九组实验分成三部分，即将 A、B、C 分为一组，此组粉煤灰掺加量最多，拟合时采取这几组中粉煤灰的反应程度与水泥力学性能相拟合；D、E、F 分为一组，此组矿渣掺加量最多，拟合时采取这几组中矿渣的反应程度与水泥力学性能相拟合；G、H、I 分为一组，此组钢渣掺加量最多，拟合时采取这几组中钢渣的反应程度与水泥力学性能相拟合。

将分成三组的水泥的胶砂抗压强度与辅助性胶凝材料的反应程度进行拟合，结果见图 7-4，图 7-4（a）~（c）分别是复合掺加辅助性胶凝材料时占主导地位的辅助性胶凝材料的反应程度与水泥抗压强度的拟合。从三者的拟合结果来看，辅助性胶凝材料的反应程度与水泥抗压强度之间也符合以下关系：

$$Q = a - b\ln(\beta + c) \tag{7-2}$$

式中　Q——掺加辅助性胶凝材料体系的水泥的力学性能；

　　　β——复合水泥浆体中占主导地位的辅助性胶凝材料的反应程度；

　　a，b——分别为与辅助性胶凝材料本身特性有关的参数；

　　　c——参数，可以不设置成变量，一般取 0~1 之间。

采用此公式进行拟合后，粉煤灰、矿渣和钢渣三种占主导地位的辅助性胶凝材料的反应程度与水泥力学性能拟合公式的拟合优度均较高，矿渣的拟合优度 R^2 达到 0.9706，粉煤灰和钢渣的拟合优度值也分别达到了 0.87721 和 0.8908045，因此，可以认为在复合掺加辅助性胶凝材料时，可以将占主导地位的辅助性胶凝材料的反应程度与水泥强度进行拟合，占主导地位的辅助性胶凝材料的反应程度与水泥的力学性能之间符合式（7-2）之间的拟合关系。

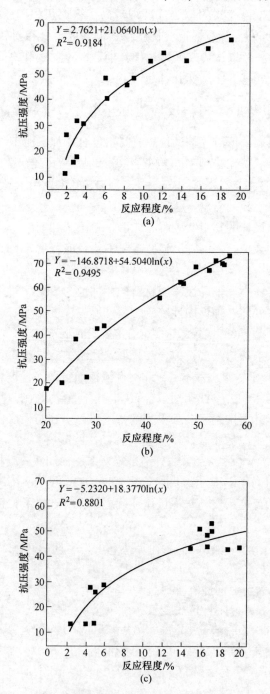

图 7-4　辅助性胶凝材料的反应程度与水泥力学性能之间的关系

（a）粉煤灰；（b）矿渣；（c）钢渣

7.4 辅助性胶凝材料在水泥中的反应机理

含有辅助性胶凝材料的水泥，其水化过程包含两个相互关联的水化进程：熟料的水化反应和辅助性胶凝材料的反应。水泥开始与水接触后，水泥中的 C_3S 矿物释放出 Ca^{2+} 和 OH^-，使水泥浆体溶液具有强碱性，当浆体中的 Ca^{2+} 和 OH^- 达到一定的浓度时，水化产物 $Ca(OH)_2$ 和 C-S-H 开始结晶析出并长大形成水化产物。而水泥中加入辅助性胶凝材料后，如粉煤灰水泥体系中，当粉煤灰比表面积为 $631m^2/kg$、掺量为 10% 时，体系中 3d 的化学结合水含量为 10.23%，而纯水泥 3d 的化学结合水含量为 13.15%，扣除 10% 的粉煤灰掺量时的化学结合水含量为 11.84%，即水泥中加入粉煤灰后，其化学结合水含量比同等比例的纯水泥的化学结合水含量低，同样，矿渣、钢渣加入水泥中时，早期的结合水含量也呈现这样的趋势，且掺量越高，影响越大，这说明辅助性胶凝材料加入到水泥中时，延缓了水泥的水化，掺量越大，对水泥水化的延迟作用越大，加入辅助性胶凝材料后水泥的早期强度降低也证明了这一结论点。

辅助性胶凝材料之所以会延缓水泥的早期水化进程，跟辅助性胶凝材料自身的特性有关。辅助性胶凝材料一般早期活性较低，加入水泥中后，降低了水泥液相中的 Ca^{2+} 浓度[102,103]，导致水泥浆体中液相中 Ca^{2+} 浓度达到临界点的时间推迟，从而使得水泥水化产物的生成时间滞后，延缓了水泥的水化进程。辅助性胶凝材料的活性越高，对其早期水化进程的影响越小，而矿渣的活性远远高于粉煤灰和矿渣，因此，无论是其 3d 时的反应程度，还是 3d 时体系中的结合水含量以及其力学性能，均要比掺加钢渣和粉煤灰的水泥体系高得多。

对粉煤灰和矿渣而言，在通常情况下，遇水不会发生反应，只有在碱性环境中，才能激发其潜在活性。矿渣作为辅助性胶凝材料加入到水泥中后，矿渣发生的水化反应主要是水和水泥水化产生的 $Ca(OH)_2$ 对矿渣本身含有的玻璃体作用的结果。矿渣水泥中加入水后，当水泥浆体中的 $Ca(OH)_2$ 含量达到一定量时，体系的 pH 值达到 11 以上时，矿渣在碱激发的作用下才开始发生反应。同时，矿渣加入到水泥中，延缓了水泥的早期水化，但是在水化后期，矿渣参与水化的程度逐渐提高，在 28d 时矿渣的反应程度即达到 40% 以上，因此，复合水泥体系的后期强度接近甚至高于纯水泥体系。

粉煤灰几乎不会与水发生反应，但是粉煤灰中含有的活性二氧化硅和活性氧化铝能与水泥水化产物 $Ca(OH)_2$ 发生反应，生成水化硅酸钙和水化铝酸钙，即通常所说的火山灰反应。水泥水化早期，由于体系中 $Ca(OH)_2$ 含量较低，浆体的 PH 值尚达不到粉煤灰发生火山灰反应的临界值，因此，粉煤灰在水泥水化早期主要起到一种填充料的物理作用参与水泥水化，表现在粉煤灰的反应程度上，即为粉煤灰 3d 的反应程度极低；但随着水泥水化龄期的增加，体系中的

$Ca(OH)_2$含量逐渐增加，粉煤灰的反应程度逐渐增大，几乎呈现一元线性的增长趋势，其化学作用逐渐明显；而随着龄期的增长，粉煤灰逐渐发生火山灰反应，粉煤灰中的活性组分大量消耗了水泥水化产物 $Ca(OH)_2$，因此，在水化后期，体系中的 $Ca(OH)_2$ 含量呈现下降的趋势。而 $Ca(OH)_2$ 浓度的下降，有利于加速 C_3S、C_3A 的继续水化，在一定程度上又促进了水泥的水化。

对钢渣而言，当钢渣作为辅助性胶凝材料加入到水泥中时，同矿渣和粉煤灰一样，水泥水化生成的 $Ca(OH)_2$ 能激发钢渣的活性，且由于早期活性较低，钢渣的掺入也延缓了水泥的水化进程。但是，与矿渣和粉煤灰不同的是，钢渣中含有 60%左右的水泥硅酸盐相，钢渣在水泥中的水化进程相应的也较为复杂。钢渣中的硅酸盐相，如 C3S 和 C2S，可以发生水化反应生成 C-S-H 等水化产物。从整个水化过程来讲，钢渣的水化是一个缓慢的过程。钢渣对水泥水化进程的影响机理需要进一步研究。

现代复合材料理论表明，不同辅助性胶凝材料间具有复合效应。粉煤灰、矿渣、钢渣三者互相复合掺加到水泥中时，会产生成分互补、形态互补、反应机制互补效应，有利于提高水泥基材料的性能。复合掺加时，各个辅助性胶凝材料的反应程度比单掺时均有不同程度的增加，可能正是基于这一原因。

无论是矿渣，还是粉煤灰和钢渣，其在水泥水化中起到的作用主要可以归纳为以下几个方面：

(1) 微集料效应[43]。对水泥来讲，水泥的粒径分布是联系的，因此，水泥颗粒本身并不一定甚至很难达到最紧密的堆积。而辅助性胶凝材料的颗粒一般要比水泥颗粒小，可以填充水泥颗粒之间的空隙，从而使水泥浆体更为致密，形成更紧密的堆积的状态。

(2) 为水泥水化产物提供堆积表面。在水泥水化初期，辅助性胶凝材料在水泥中，可以为水泥水化产物提供一定的堆积表面，减少水泥水化产物对水泥颗粒的包裹。

(3) 与水泥产物氢氧化钙发生反应，激发其自身活性。辅助性胶凝材料与水泥水化产物 $Ca(OH)_2$ 发生作用，使其自身活性被激发出来；同时，由于消耗掉了水泥水化产生的 $Ca(OH)_2$，有利于水泥体系中 C_3S 和 C_3A 的进一步水化，形成了有利于水泥和辅助性胶凝材料水化的良性循环，改善了水泥石的性能。

对粉煤灰而言，除了以上三种作用外，粉煤灰还具有形态减水效应，即粉煤灰自身的颗粒形貌可以改善水泥的工作性能。粉煤灰中含有大量的球状玻璃体和硅酸盐玻璃微珠，类似轴承滚珠，能减少摩擦，有效改善水泥的工作性能，降低水泥颗粒之间的摩擦力。一般研究均认为，粉煤灰对于复合胶凝材料强度的影响，是物理与化学作用，即其三大效应的共同作用结果，但对于主要作用的认识不同。有的研究认为物理作用占据主要地位，因此提出了改善粉煤灰的颗粒粒径分布以改善复合胶凝材料的强度；有的则认为粉煤灰的火山灰反应是其对强度的主要贡献，因此提出进行激发粉煤灰的化学活性以进行复合胶凝材料力学性能的改善。

7.5 本章小结

本章对掺加辅助性胶凝材料后的水泥强度影响因素以及辅助性胶凝材料反应程度与水泥力学性能之间的关系进行了研究，并探讨了辅助性胶凝材料对水泥的水化进程影响机理。得到如下结论：

（1）本实验中，随着粉煤灰比表面积的降低，水泥的抗压强度降低；但对于矿渣和钢渣来讲，SB 和 SSB 这一组比表面积的物料加入到水泥中时水泥的抗压强度最高。这说明辅助性胶凝材料的颗粒级配过窄或者比表面积过大，反而会对水泥性能带来负面效应。

无论是何种辅助性胶凝材料，无论其活性高低，基本上随着辅助性胶凝材料掺量的增加，水泥的力学性能降低；龄期延长，水泥力学性能提高。矿渣掺量即使达到50%，其28d 强度仍然比纯硅酸盐水泥高；90d 时，掺量为30%的矿渣水泥浆体强度已比纯硅酸盐水泥高出 10MPa 以上，说明辅助性胶凝材料加入到水泥中去，促进了水泥的水化速率。

（2）二元体系中，辅助性胶凝材料的反应程度与水泥抗压强度之间符合以下关系：

$$Q = a - b\ln(\beta + c) \tag{7-3}$$

式中　Q——掺加辅助性胶凝材料体系的水泥的力学性能；

　　　β——辅助性胶凝材料的反应程度；

　a, b——分别为与辅助性胶凝材料本身特性有关的参数；

　　　c——参数，可以不设置成变量，一般取 0~1 之间。

采用此公式进行拟合后，粉煤灰、矿渣和钢渣三种辅助性胶凝材料的反应程度与水泥力学性能拟合公式的拟合优度均较高，粉煤灰、矿渣和钢渣的反应程度与力学性能的拟合优度 R^2 分别为 0.9161 和 0.9495 和 0.8805。

（3）复合掺加辅助性胶凝材料时占主导地位的辅助性胶凝材料的反应程度与水泥抗压强度的拟合也符合以下关系：

$$Q = a - b\ln(\beta + c) \tag{7-4}$$

式中　Q——掺加辅助性胶凝材料体系的水泥的力学性能；

β——代表复合水泥浆体中占主导地位的辅助性胶凝材料的反应程度；

a, b——分别为与辅助性胶凝材料本身特性有关的参数；

c——参数，可以不设置成变量，一般取 0~1 之间。

采用此公式进行拟合后，粉煤灰、矿渣和钢渣三种占主导地位的辅助性胶凝材料的反应程度与水泥力学性能拟合公式的拟合优度均较高，矿渣的拟合优度 R^2 达到 0.9706，粉煤灰和钢渣的拟合优度值也分别达到了 0.8772 和 0.8908。

8 结论与最新测试方法

8.1 结论

本书通过对矿渣、粉煤灰、钢渣三种辅助性胶凝材料在水泥中的反应程度以及其在水泥中的水化机理方面进行了研究，通过采用煅烧、热分析、化学分析、SEM 等方法和手段对辅助性胶凝材料在水泥中的水化进程、体系中结合水含量与辅助性胶凝材料的关系、钢渣和粉煤灰的活性对反应程度的影响等方面进行了研究，研究工作得到以下结论：

A 三种表征辅助性胶凝材料的方法

三种表征方法（反应程度测试、化学结合水含量、氢氧化钙含量）均在一定程度上可以表征辅助性胶凝材料的反应程度，但是，直接用化学分析方法测定辅助性胶凝材料的反应程度较为准确；而化学结合水法可以定量分析纯水泥的反应程度，对加入辅助性胶凝材料的水泥体系，仅可定性反应体系中辅助性胶凝材料的反应程度；氢氧化钙法不能表征体系中辅助性胶凝材料的反应程度；后两种方法可以作为第一种反应程度测试方法的有效参考。

B 二元体系

二元体系中对辅助性胶凝材料的反应程度与龄期、比表面积、掺量以及水泥物理性能之间的模型进行了拟合；通过这些拟合公式，可以对水泥体系中后期的辅助性胶凝材料的反应程度以及力学性能进行预测，为辅助性胶凝材料在水泥中的后期水化进程提供参考。

（1）单掺时，辅助性胶凝材料的比表面积和掺量、龄期与其反应程度一般符合以下关系：

$$\beta_f(t, S, \gamma) = (aS + b)^{1/2} \gamma^c(t)^d$$

式中　a，b，c，d——均为与辅助性胶凝材料本身特性有关的系数；

　　　　γ——辅助性胶凝材料在水泥中掺加量；

　　　　t——辅助性胶凝材料在水泥中水化的龄期，d；

　　　　S——辅助性胶凝材料的比表面积；

　　$\beta_f(t, S, \gamma)$——辅助性胶凝材料比表面积为 S，掺量为 γ，龄期为 t 时，水泥浆体中辅助性胶凝材料的反应程度。

（2）辅助性胶凝材料的比表面积对二元体系中的化学结合水含量影响较大，

无论是粉煤灰还是矿渣、钢渣，基本上随着比表面积的升高，水泥硬化浆体中化学结合水含量明显增加；体系中的化学结合水均随着粉煤灰掺量的增加而降低，随着矿渣掺量的增加而升高；且水泥中粉煤灰的掺量对化学结合水的影响作用较为明显。

（3）无论是何种辅助性胶凝材料，无论其活性高低，基本上随着辅助性胶凝材料掺量的增加，水泥的力学性能降低；龄期延长，水泥力学性能提高。矿渣掺量即使达到 50%，其 28 天强度仍然比纯硅酸盐水泥高；90 天时，掺量为 30% 的矿渣水泥浆体强度已比纯硅酸盐水泥高出 10MPa 以上。

（4）二元体系中，辅助性胶凝材料的反应程度与水泥抗压强度之间符合以下关系：

$$Q = a - b\ln(\beta)$$

式中　　Q——掺加辅助性胶凝材料体系的水泥的力学性能；

　　　　β——辅助性胶凝材料的反应程度；

　　a，b——分别为与辅助性胶凝材料本身特性有关的参数。

C　三元体系和四元体系

对辅助性胶凝材料复合掺加到水泥中时影响辅助性胶凝材料的各项因素进行了研究，并对复合体系辅助性胶凝材料的反应程度与龄期、比表面积、掺量以及水泥物理性能之间的模型进行了拟合，可以对复合水泥体系中后期的辅助性胶凝材料的反应程度以及力学性能进行预测，为辅助性胶凝材料在复合水泥体系中的后期水化进程提供参考。

（1）辅助性胶凝材料复合掺加到水泥中时，无论是三元体系还是四元体系，辅助性胶凝材料的反应程度均比单掺时的反应程度高，其原因可能有两个方面：一方面是由辅助性胶凝材料自身之间在水泥水化时的相互促进作用所致；另一方面，则可能是由测定辅助性胶凝材料反应程度的实验方法产生的误差所致；如果不考虑实验方法产生的误差，则辅助性胶凝材料复合掺加到水泥中时，其反应程度均比单掺时的反应程度高。

（2）三元体系和四元体系中，辅助性胶凝材料的反应程度与化学结合水均呈以下关系：

$$\beta = aH^b$$

式中　　β——辅助性胶凝材料的反应程度；

　　　　H——掺辅助性胶凝材料的水泥浆体中化学结合水含量；

　　a，b——与为辅助性胶凝材料本身特性有关的参数。

（3）无论是三元体系还是四元体系，$Ca(OH)_2$ 消耗量与辅助性胶凝材料之间的关系均较为复杂，测定 $Ca(OH)_2$ 的含量只适宜于判定纯水泥的反应程度，不适宜于加入辅助性胶凝材料后水泥中辅助性胶凝材料的反应程度。

（4）复合掺加辅助性胶凝材料时占主导地位的辅助性胶凝材料的反应程度与水泥抗压强度的拟合符合以下关系：

$$Q = a - b\ln(\beta)$$

式中　Q——掺加辅助性胶凝材料体系的水泥的力学性能；

　　　β——复合水泥浆体中占主导地位的辅助性胶凝材料的反应程度；

　a，b——分别为与辅助性胶凝材料本身特性有关的参数。

D　钢渣和粉煤灰的活性与水化行为

（1）用表面活性剂 A 作为表面活性剂、粉磨时间为 60min 左右，钢渣掺量为 30% 时，钢渣的活性系数最高，达到 0.92，可以实现钢渣制备高活性辅助性胶凝材料的要求；异丙醇胺和 Na_2SO_4 复合配制对粉煤灰的活性激发效果最佳，活性可达到 0.96 以上。

（2）活性激发后的钢渣、粉煤灰在各个龄期其反应程度均比未激发的钢渣、粉煤灰高；水化 28d 之前，激发后的钢渣反应程度增长很快，钢渣的激发优势在后期完全显现出来；在水化 3d 时，激发后的粉煤灰反应程度几乎是未激发的粉煤灰的反应程度的两倍，有效改善了粉煤灰的早期水化特性。

E　辅助性胶凝材料水化程度测试方法

对辅助性胶凝材料尤其是钢渣的反应程度测试结果表明：

（1）水泥浆体中粉煤灰的反应程度采用盐酸溶解法，矿渣的反应程度采取 EDTA-碱溶液选择性溶解法进行测定，对《水泥组分的定量测定》（GB/T 12960—2007）中的计算方法进行修正后则可以测试出粉煤灰和矿渣的反应程度；

（2）钢渣的反应程度采取 EDTA-碱溶液选择性溶解法进行测定，则当矿渣和钢渣复合掺加时，测定的钢渣和矿渣的反应程度均有偏差。

8.2　后续工作

我国水泥生产量巨大，占到世界总产量的 50% 左右。如何在水泥行业中实现辅助性胶凝材料应用的最大化，解决能源消耗，降低二氧化碳温室效应，是当前水泥行业工作者和环保工作者较为关心的问题。将大量堆积的钢渣等工业固体废弃物大量的应用到水泥中去，降低水泥中熟料的使用量，可有效缓解水泥行业面临的节能减排降耗的压力。通过研究关于辅助性胶凝材料在水泥中水化作用机理以及水泥的水化进程，可以为水泥工业从二者的相互关系入手提高水泥中辅助胶凝材料的用量提供一定的理论支持。

本书就钢渣、矿渣、粉煤灰作为辅助性胶凝材料在水泥中的水化机理及反应程度进行了研究，虽然取得了一定的研究成果，但还存在理论上探讨不足、不够深入、细致等或多或少的不足，作者认为后续工作应从以下几个方面展开：

（1）本书仅就某一种矿渣、粉煤灰、钢渣进行了研究，应进一步研究几种不同产地、成分的矿渣、粉煤灰、钢渣的水化作用机理，形成较为系统的理论；

（2）现存的测定辅助性胶凝材料反应程度的方法均对钢渣不太适应，应研究钢渣反应程度测定的有效方法；

（3）复合掺加两种或两种以上的辅助性胶凝材料时，辅助性胶凝材料与水泥的水化机理方面，尤其是水泥水化时体系中的氢氧化钙含量与辅助性胶凝材料水化程度之间的关系方面应进一步加强研究；

（4）除了辅助性胶凝材料自身特性对其水化程度有影响外，水泥熟料的化学成分、粒径分布对辅助性胶凝材料的水化反应也有较大的影响，因此，应进一步研究水泥熟料对辅助性胶凝材料反应程度的影响。

8.3　研究辅助性胶凝材料水化机理的最新测试方法

传统测试辅助性胶凝材料在水泥中的反应机理以及水泥水化产物的测试方法主要有：X 射线衍射分析（XRD）、差热分析（DSC）、红外光谱（FTIR）、X 射线光电子能谱法（XPS）、扫描电镜分析（SEM）、透射电镜（TEM）、原子力显微镜（AFM）、高分辨电子显微镜（HREM）、场发射扫面电镜技术（FESEM）；测试水化硅酸钙表面特性的有：吸附法、压汞法、小角度散射法（SAS）等。

这里介绍两种目前在水泥中研究辅助性胶凝材料在水泥中的反应机理以及水泥水化产物的比较新的测试方法。

8.3.1　固体核磁技术

固体核磁共振技术是当前研究水泥基材料结构的一个有效手段，采用 ^{29}Si、^{27}Al 核磁共振技术研究水泥基材料水化产物结构成为当前水泥化学方面研究热点之一。

核磁共振（nuclear magnetic resonance，NMR）是指原子核在外加恒力磁场作用下产生能级分裂，从而对特定的电磁波发生共振吸收的现象，核磁共振不涉及原子核的放射性污染问题，又称磁共振[104]。核磁共振现象是 1946 年由美国哈佛大学 Purcell 小组和斯坦福大学的 Bloch 小组同时独立发现的[105]。早期的核磁共振仅应用于核物理方面，上世纪 90 年代三次诺贝尔奖的颁发标志着 NMR 技术已经逐渐扩展到生命科学和化学等方面，现在 NMR 技术已成为物理、化学、生物、医药等领域中不可或缺的分析测试手段，早期的研究多应用在有机材料方面，且对液态或能溶于特定溶剂中的材料研究较为广泛，技术相对成熟。

在水泥水化结构的研究中，经常会遇到难以溶于液体和难以变成液体的固体样品，即使溶解在溶剂中，也会丧失固体各向异性的有关信息，破坏材料本身的结构，无法准确地描述样品信息，因此，近几十年来，固体高分辨核磁共振技术得到了迅速的发展。

8.3.1.1 固体 NMR 的基本原理

高分辨率固体核磁共振技术是综合利用魔角旋转、交叉极化及偶极去偶等原理，对固态材料的结构进行研究和应用的一种先进技术，是在液体核磁共振的基础上发展出来的研究固体材料的有效手段。NMR 主要研究原子核周围小区域的环境，与 X 射线衍射、电子衍射等长程衍射形成了测试技术的互补，形成了完善的探测手段[106,107]。

其基本参数有以下几个：

（1）屏蔽常数 σ。核外电子绕核运动，等效成环形电流，根据楞次定律，会产生磁场方向与外磁场方向相反，且强度正比于外磁场强度的次级磁场，从而削弱外磁场。其中反映核外电子对核屏蔽作用的常数就是屏蔽常数 σ。

（2）化学位移 δ。实际化合物中，由于原子的化学结合状态不同（有屏蔽效应），在物质结构中可能有多种位置，由此导致核磁共振的位置发生的变化称作化学位移。

（3）自旋—自旋耦合。自旋量子数不为零的核在外磁场中会存在不同能级，这些核处在不同自旋状态，会产生小磁场，产生的小磁场将与外磁场产生叠加效应，使共振信号发生分裂干扰。这种核的自旋之间产生的相互干扰称为自旋-自旋耦合，简称自旋耦合。

固体核磁共振测试时，由于固体体系中的质子各向异性作用，相互偶极自旋耦合强度较高，因此一般情况下，对固体样品测试会采用魔角旋转技术（magic angle spinning，MAS）与交叉极化技术（cross polarization，CP）来得到高分辨的固体杂核磁谱。

8.3.1.2 固体 NMR 相关技术

A 魔角旋转技术

静态固体 NMR 谱往往是化学位移各向异性、偶极自旋耦合和四极等信息相互作用的结果，质子之间的这种相互作用表现在图谱上为宽线谱。研究固体（水泥基）材料时，主要关注化学位移与 J-耦合的信息，而对质子之间的这些相互作用信息不太关注，可采用将样品填充入转子，并使转子沿魔角方向高速旋转，即使样品在旋转轴与磁场方向夹角 $\beta = \theta = 54°44'$（魔角）的方向高速旋转来达到谱线窄化的目的。

B 交叉极化技术

通过魔角旋转技术有效地压制了同核偶极相互作用，但是某些固体材料中，原子核的旋磁比较小，如果采用魔角旋转技术直接检测，仍无法得到较好的效果，因此还需要和交叉极化技术相结合，得到理想的实验数据，提高实验的灵敏度。主要实现途径是由丰核（如 ^1H）到稀核（如 ^{29}Si）的交叉极化，使 ^{29}Si 的信号增强。

　　C　异核去偶技术

　　测定固体材料杂核时，采用魔角旋转技术和交叉极化技术可有效去除同核间偶合作用，但是对于这些核与氢核间的偶极偶合作用较有限，为进一步提高固体核磁杂核的灵敏度，使谱线增强，可采用去偶技术抑制杂核间的偶极耦合作用。将固体样品经过高功率照射后使原来存在偶极作用的氢与杂原子之间的作用消失，这样原来所呈现的多峰就合并为一个，有利于识谱。但在此过程中，不可避免地使一些其他信息如反映有关原子周围的化学环境、原子间相对距离的信息被消除。

8.3.1.3　^{29}Si、^{27}Al NMR 特征参数与结构的关系

　　NMR 的特征参数包括：谱线的数目、位置（化学位移）、宽度（峰形越锋利代表结晶性越好）、形状、面积和谱线的弛豫时间，现在主要通过化学位移来确定硅氧/铝氧多面体的聚合度，进而描述物质结构。根据上述介绍，原子邻近的配位数越高，屏蔽常数 σ 就越大，电子云密度越大，共振频率降低，化学位移向高场方向移动。^{29}Si 四配位的化学位移值 δ 为 $-6.2\times10^{-5}\sim-1.26\times10^{-4}$、六配位的 δ 为 $-1.7\times10^{-4}\sim-2.2\times10^{-4}$；^{27}Al 四配位的 δ 为 $5\times10^{-5}\sim8.5\times10^{-5}$、六配位的 δ 为 $-1\times10^{-5}\sim1.5\times10^{-5}$[108]。

　　水泥矿物中，Si 原子主要以硅氧四面体形式存在，以 $Q^{n}(m\mathrm{Al})$ 表示硅氧四面体的聚合状态，n 为四面体的桥氧个数，m 表示硅氧四面体相连的铝氧四面体个数。Q^{0} 代表孤岛状的硅氧四面体 $[SO_4]^{4-}$；Q^{1} 表示两个硅氧四面体相连的短链，表征 C-S-H 二聚体或高聚体中直链末端的硅氧四面体；Q^{2} 表示由三个孤岛状四面体有两个桥的长链；Q^{3} 表示由四个硅氧四面体有三个桥氧的长链，表征直连有可能有支链或层状结构；Q^{4} 表征由四个硅氧四面体组成的三维网络结构；$Q^{3}(1\mathrm{Al})$ 则表示三个四面体长链中有一个为铝氧体四面体或 Al 取代三个硅氧四面体中一个硅的位置。通过 ^{29}Si 和 ^{27}Al 固体 NMR 研究可了解水泥的水化程度、C-S-H 结构及硅酸盐种类和水泥净浆的各种性能之间的相关性关系等信息。

8.3.1.4　^{29}Si、^{27}Al 固体 NMR 在水泥基材料研究中的应用

　　A　^{27}Al 固体 NMR 在水泥基材料研究中的应用

　　水泥水化产物结构直接影响水泥基材料的性能，水化硅酸钙凝胶（C-S-H 凝胶）是水泥最主要的水化产物之一，是水泥基材料中最主要的胶结组分，决定材料的强度与耐久性，因此，很多学者采用多种手段对 C-S-H 的组成、结构进行研究。而用 NMR 技术研究水泥及其水化产物的结构、组成是相对较先进的研究手段。

　　水泥熟料及其水化产物中的 ^{29}Si 和 ^{27}Al 具有磁性核，所以这些原子核都能产

生核磁共振。目前固体核磁共振技术主要用 MAS、CP 等方式测定 ^{29}Si、^{27}Al 元素的化学位移，通过所测元素的位移变化得到水泥基材料水泥及水化产物的结构环境变化[109]。

^{29}Si 的天然丰度低，弛豫时间较长[110]。^{29}Si 在固体硅酸盐中的化学位移随水化产物 C-S-H 凝胶聚合度变化，即 δ 随 Q^n 中 n 变化。Q^0 为 -7×10^{-5}，Q^1 为 -8×10^{-5}，Q^2 为 -8.8×10^{-5}，Q^3 为 -9.8×10^{-5}，Q^4 为 -1.1×10^{-4}[111]。通过 ^{29}Si NMR 谱图和谱线的特征参数的变化，分析出水泥的水化程度和掺合料的影响，估算碱和硅酸盐的反应程度，生成的 C-S-H 胶体相对含量，四面体的聚合度和链长等信息[106]。但是在钟白茜[112]研究中显示 ^{29}Si NMR 法虽然可测定得到 $[SO_4]^{4-}$ 四面体的聚合程度，但是只能将 $[SO_4]^{4-}$ 按照四面体的结合数目来区分，不能确定每种结合类型的具体结构。

兰祥辉等[113]使用 ^{29}Si MAS NMR 技术对相同条件下掺入不同量的水泥水化进行研究，通过核磁共振图谱发现随掺量增加，链长变长，化学位移发生移动，还发现随粉煤灰掺量增加，峰分裂得更加明显，掺量越大峰形越尖锐，宽度变窄，水化后的 Q^0 孤岛状的四面体减少越多，Q^1 也有一定程度减少，但是 Q^2 的增量很明显，说明粉煤灰合适的掺量能够增加水化物的聚合度，研究者认为平均链长增长能够导致硅氧四面体呈负电，易被质子化为 Si-OH，达到电荷平衡，使更多碱进入 C-S-H 凝胶结构。Karin[114]对混合水泥的活性与水化结构之间的关系进行了研究，研究表明，Q^2/Q^1 的值在水化产物中随混合物的机械活性增大，这个比值与被激活的水泥浆体的高抗压强度有关。通常情况下，硅氧四面体聚合度会增加，但是钱文勋等[115]使用 ^{29}Si NMR 研究粉煤灰的活性时发现，在粉煤灰中加入激发剂，激发剂中含的碱金属离子能使水泥水化产物中 Si-O 键断裂，从而使聚合度降低，整体活性增加，使 Al 离子渗入网络的机会更大，化学位移向低场方向移动。石立安等[116]通过采用 ^{29}Si NMR 和 SEM 等技术的综合分析，计算得到采用机械和化学等复合激活方式使水泥基材料水化后，水化产物中 Q^0 降低，Q^1 和 Q^2 增大，Q^1/Q^0 增大，平均链长增长，证明复合激活能增强二次水化速率，强度也能增强。其他研究者[112,116~118]也采用固体 ^{29}Si NMR 技术研究水泥基材料水化时间对水化产物结构的影响，结果发现，随水化时间延长，聚合度变大。

水泥水化产物 C-H-S 结构较复杂，（原子比）C/S 会影响水化后凝胶链的长度和聚合度，但是目前的研究有很多自相矛盾，到现在都没有一个确定的结论。如 Cong 等[118]指出原子比 C/S 增大，聚合度也会增大，但随后，Ivan[119]认为在（原子比）C/S<1 时，聚合度随比值增大，原子比 C/S>1 时，聚合度却随比值增大而减小。

B　^{27}Al 固体 NMR 在水泥基材料研究中的应用

水泥基材料的水化产物中铝有三种存在形式，当进入氧四面体时，以 Al_{IV}^{3+} 表示，作为网络形成因子，当进入氧八面体时，以 Al_{VI}^{3+} 作为网络修饰因子，其他的用 Al_V^{3+} 表示。相对于 ^{29}Si 固体 NMR 研究，^{27}Al 固体 NMR 要少一些，但却是水泥基材料水化及对其原材料研究时的一个重要研究方向。

Morten[120] 在对白硅酸盐水泥的 ^{27}Al NMR 谱共振峰进行研究时，发现四面体配位有三种形式，处在化学位移区域为 $5\times10^{-5}\leqslant\delta\leqslant1\times10^{-4}$ 内，分别为：

（1）铝进入阿利特/贝利特的中心（$\delta_{[\frac{1}{2},-\frac{1}{2}]}^{cg}\approx8.6\times10^{-5}$）；

（2）结构不纯的 C_3A（$\delta_{[\frac{1}{2},-\frac{1}{2}]}^{cg}\approx8.1\times10^{-5}$）；

（3）Al 取代 C-S-H 结构中的 Si（$\delta_{[\frac{1}{2},-\frac{1}{2}]}^{cg}\approx7.5\times10^{-5}$）。在波谱区还观察到了八面体配位的三个共振峰（$-10\leqslant\delta\leqslant2\times10^{-5}$），其中高频峰可定为钙矾石（$\delta=1.31\times10^{-5}$），第二共振峰（$\delta_{[\frac{1}{2},-\frac{1}{2}]}^{cg}\approx9.8\times10^{-6}$）不能判断出 Al 所在的结构，第三共振峰（$\delta_{[\frac{1}{2},-\frac{1}{2}]}^{cg}\approx5\times10^{-6}$）得到的参数与以往的都不同，所以推测这是一种新发现的水化结构，后经验证知道这是一种无定形的种类 Al_{IV}。

李如璧等[121] 用 ^{27}Al 固体 NMR 研究中得到的图谱看出，随硅链增长，网络修饰因子的峰在逐渐突出，网络形成因子占据主导地位，随链长变化，其峰形没有变化规律，重要的是在约 $\delta=100$ 处，出现一个明显的小峰，却没办法解释其原因。Brough[122] 通过得到的 NMR 图谱分析认为，^{27}Al 进入 C-S-H 胶体会占据桥接位置，且这种能力比 Si 的能力更强，更易占据桥接位置。王磊等[123] 研究发现，$[AlO_4]^{4-}$ 与水化硅酸根的作用相似，主要用于桥连四面体，从而形成更长的铝硅链，但是在其他文献中很少看到 Al 在水泥基材料中物理性能起到作用的介绍。

8.3.1.5　目前存在的问题

通过对 ^{29}Si、^{27}Al 固体 NMR 技术在水泥基材料中应用进行文献综述，发现目前研究中还存在很多问题，主要有以下几点：

（1）水化时间对核磁信号的屏蔽：水泥水化时间明显影响产物中的硅氧四面体结构链长和聚合度，随水化时间增长，聚合度变大，平均链长增长，对共振信号的屏蔽变大，目前的研究中很少注意到这一点或直接将其忽略。

（2）尽管目前的研究能确定水泥中的 C/S（钙硅比）增大会影响四面体结构的链长和聚合度，但是它们并不是简单地随 C/S 增大而增大，具有区域性，目前的研究报道中尚未对其具体范围进行一个系统的研究。

（3）文献报道中的图谱常看到 Q^0、Q^1、Q^2 及其变化的研究，但相对 Q^4 的研究仍然不多。

（4）水泥基材料往往会加入大量的辅助性胶凝材料，有的需要进行活性激发，对激发后的水泥基材料研究时，大部分仅偏重于材料活性本身，忽略了激发剂在其中的存在形式，且对水化产物中 Q^1 量的变化结论尚存争议，现在还没有统一的结论。

（5）由于 C-S-H 凝胶的结构和成分变化范围较广，所以对水泥基研究产生障碍。为降低这种影响，很多研究者采用白硅酸盐水泥做实验，但实际工程中用的大多是普通硅酸盐水泥，所以实验与实际工程没有得到较好的结合。

（6）很多影响水化的因素还未研究，例如使用 ^{29}Si NMR 研究温度、湿度等因素对水泥水化结构的影响等方面很少有报道。

（7）Q^0、Q^1、Q^2、Q^3 和 Q^4 等变化的机理和 Al 进入 C-S-H 内层结构的机理仍需探讨。

在现代材料测试手段中，固体 NMR 技术已经成为材料测试和研究中不可或缺的一环。但是明显看出我国的核磁共振技术起步晚，技术还不是很成熟和完善，尤其在水泥基材料中的研究更缺乏。近几年 ^{29}Si、^{27}Al 固体 NMR 在水泥基材料中的研究成果逐渐增多，已经让领域内的科技工作者们看到了水泥基材料新的研究方向，相信随着核磁共振技术在水泥基材料中的应用越来越成熟，固体核磁共振技术将会对水泥基材料的水化理论发展产生极大的推动作用。

8.3.2 纳米压痕

纳米压痕技术是 20 世纪 80 年代发展起来的一门技术，主要测试试样的硬度。传统的硬度测试是将一特定形状的压头用一个垂直的压力压入试样，根据卸载后的压痕照片获得材料表面留下的压痕半径或对角线长度计算出压痕面积。随着现代微电子材料科学的发展，试样规格越来越小型化，传统的压痕测量方法逐渐暴露出它的局限性。一是这种方法仅仅能够得到材料的塑性性质，另外这种测量方法只适用于较大尺寸的试样。新兴纳米压痕技术的产生很好地解决了传统测量的缺陷。纳米力学性能测试系统具有高精密的设计，载荷力分辨率小于 10^{-9} N；位移分辨率小于 0.01nm。越低噪音的测试平台分辨率能达 10^{-9}N 以下，精密的设计能准确反应材料的真实变化。高精度的原位微纳米力学测试系统提供不同的测试模式如压痕、加载控制、位移控制、原位扫描成像等测试方法，并备有快速高级的数据采集器和软件自动化设定功能，和宽阔的函数设置范围，可精密检测对于材料在力学压力下产生的微观变化，从而能对材料进行局部区域的深入研究，如材料的失效、变形、断裂、疲劳、蠕变、剥离等力学行为的研究。是目前国内外学者进行材料微观力学性能分析的常用手段和重要研究方法。

纳米压痕技术大体上可以分为几种理论：

（1）Oliver 方法：根据试验所测得的载荷-位移曲线，可以从卸载曲线的斜率求出弹性模量，而硬度值则可由最大加载载荷和压痕的残余变形面积求得。

（2）应变梯度理论：材料硬度 H 依赖于压头压入被测材料的深度 h，并且随着压入深度的减小而增大，因此具有尺度效应。该方法适用于具有塑性的晶体材料。但该方法无法计算材料的弹性模量。

（3）Hainsworth 方法：由于卸载过程通常被认为是一个纯弹性过程，可以从卸载曲线求出材料弹性模量，并且可以根据卸载后的压痕残余变形求出材料的硬度。该方法适用于超硬薄膜或各向异性材料，因为它们的卸载曲线无法与现有的模型相吻合。该方法的缺点是材料的塑性变形假设过于简单，缺乏理论上的支持。

（4）分子动力学模拟：该方法在原子尺度上考虑每个原子上所受到作用力、键合能以及晶体晶格常量，并运用牛顿运动方程来模拟原子间的相互作用结果，从而对纳米尺度上的压痕机理进行解释。

其中大部分仪器采用的原理是第一种理论。

水泥水化后的结构可以通过纳米压痕技术水泥硬化浆体表面上微观尺寸的力学性能进行测定，并由此推导出其水化结构，并可以对水泥水化产物的界面结构进行研究，采用纳米压痕技术研究辅助性胶凝材料与水泥的水化结构成为当前研究的热点内容之一。

8.4 结束语

本书从各个方面如反应程度、化学结合水含量等方面对辅助性胶凝材料在水泥中的水化反应机理进行了研究，并对其相关的后续工作进行了进一步的分析，这些可为辅助性胶凝材料在水泥中的应用提供一定的实验支持和理论依据。相信随着水泥工作者的努力，水泥行业将会消耗更多的固体废渣，为我国的节能减排事业贡献更大的力量。

参 考 文 献

[1] 中华人民共和国 2016 年国民经济和社会发展统计公报 [OL], 中华人民共和国国家统计局, 2017, [2017-02-28]. http: //www. stats. gov. cn/tjsj/tjgb/ndtjgb/. http: //www. zhb. gov. cn/gkml/hbb/qt/201506/t20150604-302855. htm.

[2] 陈益民, 许仲梓, 等. 高性能水泥制备和应用的科学基础 [M]. 北京: 化学工业出版社, 2008.

[3] 2014 年中国环境状况公报 [OL], 中华人民共和国环境保护部, 2015, [2015-05-19]. [2017-02-28]. http: //www. stats. gov. cn/tjsj/tjgb/ndtjgb/. http: //www. zhb. gov. cn/gkml/hbb/qt/201506/t20150604-302855. htm.

[4] 钱觉时. 粉煤灰特性与粉煤灰混凝土 [M]. 北京: 科学出版社, 2002.

[5] 詹姆斯, 迈耶斯, 匹丘曼尼, 等. 粉煤灰———种公路建筑材料 [M]. 北京: 人民交通出版社, 1982.

[6] 张覃, 等. 粉煤灰的矿物学特性研究 [J]. 粉煤灰综合利用, 2001, 1: 11~14.

[7] 李国栋. 粉煤灰的结构、形态与活性特征 [J]. 粉煤灰综合利用, 1998, (3): 35~38.

[8] 张长森. 机械活化粉煤灰性能的研究 [J]. 粉煤灰综合利用, 2003, (5): 19~21.

[9] Barta L E, Vamou G, Toqany M A. A Statistical Investigation on Particle Variation of Fly Ash Using SEM-AIA-EDAX Technique [J]. Materials Research Society Symposia Proceedings, 1990, 178: 67~82.

[10] 肖琪仲, 钱光人. 钢渣在高温高压下的水热反应 [J]. 硅酸盐学报, 1999, 8: 427~436.

[11] Altun A, Yilamz I. Study on steel furnace slags with high MgO as additive in Portland cement [J]. Cem Concr Res, 2002, 32 (8): 1247~1249.

[12] 张朝晖, 莫涛. 高炉渣综合利用技术的发展 [J]. 中国资源综合利用, 2006, 24 (5): 12~15.

[13] 文梓芸. 矿渣掺和料与混凝土的高性能化 [OL]. 中国水泥网, 2005, [2005-09-02]. http: //www. ccement. com/news/Content/9349. html.

[14] Huo J C, Lu Z Y. Study on burning Portland cement clinker by usingmagnesia slag [J]. Chongqing Environmentalence, 2002, 22 (1): 54~57.

[15] Huang C Y, Ke J S. Substituting magnesium slag for limestone to produce Portland cement clinker [J]. Cement Guide for New Epoch, 2005, (5): 27~28.

[16] Huang C Y, Ke J S. Composite Portland cement testing usingmagnesium slag as an additive [J]. Cement Technology, 2005, (5): 21~22.

[17] Guo C J. Substituting magnesium slag for blast furnace slag to produce Portland cement [J]. Cement, 2005, (6): 24~30.

[18] Ding Q J, Li Y, Hu S G. Study on using magnesium slag as cement admixture [J]. Cement Engineering, 1998, (3): 37~39.

[19] Davis R E, Historical accounts of mass concrete [J]. In: Proceeding of symposium on Mass Concrete, Detroit Ml: American Concrete Institute, 1963.

［20］Roy H. Keck, Eugene H. Riggs. Specifying Fly Ash Durable Concrete ［J］. Concrete International. April, 1997.

［21］Mielenz R C. Minerai Admixtures-History and Background ［J］, Conerete International, 1983, 5 (8): 34~42.

［22］李永鑫. 含钢渣粉掺合料的水泥混凝土组成、结构与性能的研究 ［D］. 博士论文, 2003, 6.

［23］邹伟斌. 钢渣、矿渣、粉煤灰复合硅酸盐水泥 ［J］. 山东建材, 2001, 22 (1): 19~23.

［24］朱跃刚, 李灿华, 程勇. 钢渣粉做水泥掺合料的研究与探讨 ［J］. 广东化工, 2005, 11: 59~62.

［25］林宗寿, 陶海征, 涂成厚, 等. 钢渣粉煤灰活化方法研究 ［J］. 武汉理工大学学报, 2001, (2): 4~7.

［26］徐彬, 邓国柱, 张天石, 等. 碱激发钢渣水泥研究 ［J］. 重庆环境科学, 1998, (6): 39~41.

［27］张德成, 谢英, 丁铸, 等. 钢渣矿物水泥的发展与现状 ［J］. 山东建材, 1998, (2): 12~15.

［28］胡曙光, 韦江雄, 丁庆军, 等. 水玻璃对钢渣水泥激发机理的研究 ［J］. 水泥工程, 2001, (5): 4~7.

［29］Bapat J D. Performance of cement concrete with mineral admixtures ［J］. Advances in Cement Research, 2001, 3 (4): 139~155.

［30］李东旭. 利用工业废渣制备少熟料高标号复合水泥. 建筑石膏与胶凝材料 ［J］. 2000, 11: 8~10.

［31］张同生, 刘福田, 周宗辉, 等. 钢渣粉煤灰复合水泥的研究 ［J］. 济南大学学报, 2008, 22 (2): 174~177.

［32］石小芳, 徐俊鹏, 唐名德. 钢渣作混合材在水泥生产中的应用 ［J］. 水泥, 2006, 5: 35~36.

［33］沈旦申, 张荫济. 粉煤灰效应的探讨 ［J］. 硅酸盐学报, 1981, 9 (1): 57~63.

［34］Babu K G, Nageswara Rao. Early behavior of fly ash concretes ［J］. Cement and Concrete Research, 1994, 24 (2): 277~284.

［35］Paya J, Monzo J, Peris-Mora E, et al. Early strength development of Portland cement mortars containing air-classified fly ash ［J］. Cement and Concrete Research, 1995, 25 (2): 449~456.

［36］Zhang Y M, Sun W, Shang L F, et al. Mechanical properties of high performance concrete made with high calcium high sulfate fly ash ［J］. Cement and Concrete Research, 1997, 27 (7): 1093~1098.

［37］Sottili L, Padovani D, Einfluss von Mahlhilfsmitteln in der Zementindustrie ［J］, ZKG International, 2000, 53 (10): 568~575.

［38］Assaad J J, Asseily S E, Harb J. Effect of specific energy consumption on fineness of Portland cement incorporating amine or glycol-based grinding adis ［J］. Materials and Structures, 2008.

［39］Celik I B. The effects of particle size distribution and surface area upon cement strength developmeng ［J］. Powder Technology, 2009, (188): 272~276.

［40］ Kuhlmann K, Ellerbrock H. G., SPrung S, et al. Particle size distribution and Properties of cement Part l: Strength of Portland cement ［J］, ZKG, 1985, 6: 136~144.

［41］ Tsivilis S., Kakali G., Chaniotakis E., et al. A study on the hydration of Portland limestone cement by means of TGA ［J］, J Therm Anal, 1998, 52: 863~870.

［42］ Skvara F, Kolar K, Novotny J, et. al. The effect to cement Particle size distribution upon properties of pastes and mortars with low water-to-cement ratio ［J］, Cement and Concrete Research, 1981, 11: 247~255.

［43］ Mehta P K. Influence of fly ash characteristics on the strength of Portland-fly ash mixture ［J］. Cement and Concrete Research, 1985, 15 (4): 669~674.

［44］ 傅秀新, 潘志华, 王冬冬. 熟料和粉煤灰的颗粒尺寸分布与水泥性能的灰色关联分析 ［J］, 硅酸盐通报, 2009, 28 (5): 1~7.

［45］ 张永娟, 张雄. 矿渣微粉颗粒分布与其水泥流动性的灰色关联 ［J］. 同济大学学报, 2003, 31 (12): 1449~1453.

［46］ 牛全林, 杨静, 冯乃谦. 矿渣微粉粒径分布与其活性指数的灰色关联分析 ［A］. 第三届全国高性能混凝土学术研讨会论文集 ［C］, 2001.

［47］ Halit Yazici. The effect of silica fume and high volume Class C flyash on mechanical ProPerties, chloride Penetration and freeze thaw resistance of self-compacting concrete ［J］. Construction and Building Materials, 2007, 21: 1~7.

［48］ Taylor H F W. Cement Chemistry ［M］. London: Thomas Telford Publishing, 1997.

［49］ Takemoto K. and Uchikawa H. 火山灰质水泥水化 ［C］. 第七届国际水泥化学会议论文选集. 北京: 中国建筑工业出版社, 1985.

［50］ Gutteridge W A, Daiziel J A. Filler cement: the effect of the secondary component on the hydration of portland cement-part II: fine hydraulic binders ［J］. Cem. Concr. Res. 1990, 20 (5): 778~782.

［51］ Maltis Y, Marchend J. Influence of curing temperature on the cement hydration and mechanical strength development of fly ash mortars ［J］. Cem. Concr. Res., 1997, 27 (7): 1009~1020.

［52］ Wei F J, Michael W. Grutzeck and Della M. Roy. The retarding effects of fly ash upon the hydration of cement pastes: The first 24 hours ［J］. Cem. Concr. Res., 1985, 15 (1): 174~184.

［53］ 阎培渝, 张庆欢. 活性或惰性掺合料对复合胶凝材料水化性能的影响 ［J］. 铁道科学与工程学报, 2007, 2 (4): 1~7.

［54］ 韩建国, 阎培渝. 低水胶比条件下含硅灰或粉煤灰的胶凝材料的水化放热特性 ［J］. 铁道科学与工程学报, 2006, 2 (3): 70~74.

［55］ 龙广成, 谢友均, 王新友. 矿物掺合料对新拌水泥浆体密实性能的影响 ［J］. 建筑材料学报, 2002, 5 (1): 21~25.

［56］ 潘钢华, 孙伟, 张亚梅. 活性混合材微集料效应的理论和实验研究 ［J］. 混凝土与水泥制品, 1997, 6: 23~25.

［57］ 蒲心诚. 应用比强度指标研究活性矿物掺料在水泥与混凝土中的火山灰效应 ［J］. 混凝土与水泥制品, 1997, 3: 6~14.

[58] 谭月华, 张军. 水泥增强及混合材的综合开发利用 [J]. 新疆工学院学报, 1999, (9):
　　　202~205.

[59] 胡东杰, 李占平. 矿渣助磨剂的研究及应用 [J]. 中国水泥, 2007, 4: 55~57.

[60] 王春阳. 建筑工程材料 [M]. 北京: 地震出版社, 2001.

[61] 王秉纲, 蔡绯琳, 张耀伦, 等. 无熟料免烧高抗折高强钢渣水泥 [P]. 中国专利, CN
　　　1140152A. 1997. 1.

[62] 黄振荣, 王洪起, 周维海, 等. 无熟料钢渣、矿渣水泥 [P]. 中国专利, CN 1166462A.
　　　1997, 12.

[63] 李义凯, 刘福田, 周宗辉, 等. 复合激发剂活化钢渣制备复合胶凝材料研究 [J]. 武汉
　　　理工大学学报, 2009, 31 (4): 11~14.

[64] 张同生, 刘福田, 李一凯, 等. 激发剂对钢渣胶凝材料性能的影响 [J]. 建筑材料学报,
　　　2008, 11 (4): 469~474.

[65] 张德成, 黄世峰, 吴波, 等. 钢渣矿渣水泥碱性激发剂的研究 [J]. 硅酸盐通报, 2004,
　　　(3): 118~120.

[66] 赵旭光, 赵三银, 李宁, 等. 高钢渣掺量和高强度钢渣水泥的研制 [J]. 武汉理工大学
　　　学报, 2004, 26 (1): 38~41.

[67] 管宗莆, 杨久俊. 碱对粉煤灰活性激发的研究 [J]. 粉煤灰综合利用, 1996, (1):
　　　22~24.

[68] 曹红红, 匡建新, 颜国平. 激发剂作用下粉煤灰火山灰反应特征的研究 [J]. 粉煤灰综
　　　合利用, 1997, (2): 28~32.

[69] Caijun Shi, Robert L Day. Chemical activation of blended cements made with lime and natural
　　　pozzolans [J]. Cement and Concrete Research, 1993, 23 (6): 1389~1396.

[70] 王晓钧, 杨南如, 钟白茜. 粉煤灰—石灰—水系统反应机理探讨 [J]. 硅酸盐学报,
　　　1996, 24 (2): 137~141.

[71] 于水军, 粟志, 樊文熙. 粉煤灰物理—化学激活新方法 [J]. 粉煤灰综合利用, 1998,
　　　(2): 54~55.

[72] 黄少文, 俞平胜. 粉煤灰活化技术及其在水泥材料中的应用研究 [J]. 南昌大学学报
　　　(工科版), 2001, 23 (2): 91~96.

[73] 李国栋. 结构因素对粉煤灰活性激发的影响 [J]. 粉煤灰综合利用, 1998, (4): 3~6.

[74] 王晓钧, 钟白茜, 杨南如. 粉煤灰—石灰—水压蒸系统中 $[SiO_4]^{4-}$ 四面体聚合结构的研
　　　究 [J]. 粉煤灰综合利用, 1994, 8 (2): 1~5.

[75] Termkhajornkit P, Nawa T, Kurumisawa K. Effect of water curing conditions on the hydration
　　　degree and compressive strengths of fly ash-cement paste [J]. Cement and Concrete
　　　Composites, 2006, 28 (9): 781~789.

[76] 张云升, 孙伟, 郑克仁, 等. 水泥—粉煤灰浆体的水化反应进程 [J]. 东南大学学报
　　　(自然科学版), 2006, 36 (1): 18~123.

[77] 朱蓓蓉, 杨全兵, 吴学礼. I 级粉煤灰火山灰反应性研究 [J]. 混凝土与水泥制品, 2002
　　　(1): 3~6.

［78］董刚. 粉煤灰和矿渣在水泥浆体中的反应程度研究［D］. 中国建筑材料科学研究总院，2008.

［79］胡曙光，王晓，吕林女，等. 煤矸石对硅酸盐水泥水化历程的影响［J］. 水泥，2005（8）：5～7.

［80］Lam L，Wong Y L，Poon C S. Degree of hydration and gel/space ratio of high volume fly ash/cement systems［J］. Cement and Concrete Research，2000，30（5）：747～756.

［81］中国建筑材料科学研究总院，GB/T 12960—2007 水泥组分的定量测定［S］. 北京：中国标准出版社.

［82］许利惟. 复合浆体中粉煤灰和水泥水化反应程度的测定［J］. 福建工程学院学报，2011，9（4）：339～342.

［83］蒋永惠，阎春霞. 粉煤灰颗粒分布对水泥强度影响的灰色系统研究［J］. 硅酸盐学报，1998，26（4）：194～198.

［84］姜从盛. 钢渣的理化性能及其综合利用技术发展趋势［J］. 国外建材科技，2002，23（3）：3～5.

［85］余远明，管宗甫，崔书瑾，等. 钢渣粉的颗粒粒径分布与水泥强度之间的关系［C］// 中国硅酸盐学会. 中国硅酸盐学会水泥分会首届学术年会论文集. 焦作：河南理工大学出版社，2009：156～159.

［86］陈益民，张洪滔. 磨细钢渣粉作水泥高活性混合材料的研究［J］. 水泥，2001，28（05）：1～4.

［87］Motz H，Geiseler J. Products of steel slags and opportunity to save natural resources［J］. Waste Management，2001，21（3）：285～293.

［88］Rehbinder P A，Proc［C］. 6th Phys. Congress，State，Moscow，29，1928.

［89］Sureshan K. Moothedath，S C. Ahluwalia. Mechanism of action of grinding aids in comminution［J］. Powder Technology，1992，（71）：229～237.

［90］Locher F W，Seebach H M. Influence of adsorption on industrial grinding［J］. Ind. Eng. Chem. Process Des. Dev.，1972，11（2）：190～197.

［91］朱宪伯，吕忠亚，张正锋. 水泥助磨剂的作用机理——薄膜假说［C］. 第四届水泥学术会议论文集，北京：中国建筑工业出版社，1992：143～144.

［92］许雅周，丁锐，常传平. 粉体团聚理论在超细研磨中的应用［J］. 陶瓷，2007，（3）：30～33.

［93］王玉平，张天石，童光庆. 复合助磨剂试验研究［J］. 水泥，2002，（8）：8～10.

［94］蔡安兰，江朝华，严生，等. 助磨剂对普通硅酸盐水泥性能的影响及作用机理［J］. 南京化工大学学报，2001，23（1）：50～53.

［95］Jankovic A，Valery W，Davis E. Cement grinding optimization［J］. Minerals Engineering，2004，17（11～12）：1075～1081.

［96］Assaad J J，Asseily S E，Harb J. Effect of specific energy consumption on fineness of Portland cement incorporating amine or glycol-based grinding adis［J］. Materials and Structures，2009，42（8）：1077～1087.

[97] Xiao Zhongming, WANG Xin. New method of studying the relationship between particle composition and performance and discuss he optimal cement powder composing [J]. Cement, 2000, (4): 8~11.

[98] Celik I B. The effects of particle size distribution and surface area upon cement strength development [J]. Powder Technology, 2009, 188 (3): 272~276.

[99] Zhang Yunsheng, Sun Wei, Zheng Keren, Jia Yanta. Hydration process of Portland cement-fly ash pastes [J]. Journal of Southeast University, 2006, 36 (1): 118~123.

[100] Shen Yang, Xu Zongzi, Xie Ping, et al. A new method of enhancing cement-aggregate interface I Ideal aggregate and its effect on interfacial microstructure [J]. Cement and Concrete Research, 1992, 22 (5): 769~773.

[101] Jin Xianyu, Jin Nanguo, Li Zongjin. Study on the electrical properties of young concrete [J]. Journal of Zhejiang University SCIENCE, 2002, 3 (2): 174~180.

[102] Wei F J, Grutzeck M W, Roy D M. The retarding effects of fly ash upon the hydration of cement pastes: The first 24 hours. Cem. Concr. Res. 1985, 15 (1): 174~184.

[103] He J Y, Scheetz B E, Roy D M. Hydration of fly ash Portland cement. Cem. Concr. Res. 1984, 14 (4): 585~592.

[104] 沈业青, 邓敏, 莫立武. 孔结构测试技术及其在硬化水泥浆体孔结构表征中的应用 [J]. 硅酸盐通报, 2009, 28 (6): 1191~1196.

[105] 陆维敏, 陈芳. 谱学基础与结构分析 [M]. 北京: 高等教育出版社, 2005: 104~105.

[106] 何永佳, 胡曙光. ^{29}Si 固体核磁共振技术在水泥化学研究中的应用 [J]. 材料科学与工程学报, 2007, 25 (1): 147~153.

[107] 孙倩, 管学茂, 勾密峰, 等. 固体核磁共振技术在 C-S-H 中的研究进展 [J]. 硅酸盐通报, 2013, 32 (3): 440~447.

[108] 方永浩. 高分辨核磁共振在水泥化学研究中的应用 [J]. 建筑材料学报, 2003, 6 (1): 54~60.

[109] 管学茂, 王庆良, 王庆平, 等. 现代材料分析测试技术 [M]. 江苏: 中国矿业大学出版社, 2013: 262~265.

[110] Poulsena SL, Kocaba V, Saout GL. Improved quantification of alite and belite in anhydrous Portland cements by ^{29}Si MAS NMR: effects of paramagnetic ions [J]. Solid State Nuclear Magnetic Resonance, 2009, 36 (1): 32~34.

[111] Lippmaa E, Samoson M, Engelhardt G, et al. Structural studies of silicates by solid-state high-resolution ^{29}Si NMR [J]. Journal of the American Chemical Society, 1980, 102: 4889~4893.

[112] 钟白茜, 杨南如. ^{29}Si-NMR 法和 TMS-GC 法研究水泥水化速度及四面体聚合结构 [J]. 南京化工学院学报, 1994, 16 (3): 26~32.

[113] 兰祥辉, 魏风艳, 许仲梓. C-S-H 凝胶的持碱机制研究 [J]. 混凝土与水泥制品, 2005, (6): 4~6.

[114] Karin Johansson, Cecilia Larsson, Oleg N Antzutkin, et al. Kinetics of the hydration

reactions in the cement paste with mechanochemically modified cement ^{29}Si magic-angle-spinning NMR study [J]. Cement and Concrete Research, 1999, 29 (10): 1575~1581.

[115] 钱文勋, 蔡跃波. 活性激发时粉煤灰硅氧、铝氧多面体结构的变化 [J]. 建筑材料学报, 2009, 12 (3): 281~284.

[116] 石立安, 陆生发, 李启华, 等. 钛渣活性特征及激发活性技术研究 [J]. 硅酸盐通报, 2012, 3 (6): 1554~1558.

[117] Richarson I G. Tobermorite/jennite and tobermorite /calcium hydroxide-based models for the structure of C-S-H: applicability to hardened pastes of tricalcium silicate, h-dicalcium silicate, Portland cement with blast-furnace slag, metakaolin, or silica fume [J]. Cement and Concrete Research, 1992, 22 (6): 1001~1010.

[118] Cong X D, Kirkpatrick R J. ^{29}Si MAS NMR study of the structure of calcium silicate hydrate [J]. Advanced Cement Based Materials, 1996, 3 (3): 144~156.

[119] Ivan K, Benoit P, et al. C-S-H structure evolution with calcium content by multinuclear NMR. In: Grimmer P, Grimmer A R, Zanni H, et al (eds). Nuclear magnetic resonance spectroscopy of cement-based materials [C]. Berlin, 1998: 120~141.

[120] Andersen M D, Jakobsen H J, Skibsted J. A new aluminium-hydrate species in hydrated Portland cements characterized by ^{27}Al and ^{29}Si MAS NMR spectroscopy [J]. Cement and Concrete Research, 2006, 36 (1): 3~17.

[121] 李如璧, 徐培仓, 莫宣学. 三元硅酸盐玻璃相中 Al[3+] 离子结构状态的 MAS NMR 谱研究 [J]. 波谱学杂志, 2003, 20 (1): 37~41.

[122] Brough A R, Atkinson A. Sodium silicate-based alkali-activated slag mortars Part I. strength, hydration and microstructure [J]. Cement and Concrete Research, 2002, 32: 865~879.

[123] 王磊, 何真, 张博, 等. 基于红外与核磁共振技术揭示 C-S-H 聚合机理 [J]. 建筑材料学报, 2011, 14 (4): 447~458.

附　　录

附录1　反应程度测试结果

表1　粉煤灰在水泥浆体中的反应程度　　　　　　　　　　　（%）

样品	3d	7d	14d	28d	60d	90d
FA1	4.15	5.35	7.47	9.80	13.37	20.96
FA2	3.76	4.03	5.98	8.69	12.96	19.79
FA3	3.01	3.67	4.98	8.21	12.05	19.02
FA4	2.10	2.49	4.75	7.79	12.08	18.00
FA5	1.89	2.01	3.99	8.01	11.93	17.59
FB1	3.83	4.67	6.01	7.73	12.87	18.38
FB2	3.35	3.99	5.00	6.87	11.45	18.02
FB3	2.68	3.06	4.12	6.01	10.76	16.61
FB4	1.77	2.23	3.98	5.35	11.20	16.00
FB5	1.09	1.89	3.14	5.78	10.01	15.47
FC1	3.11	3.37	5.12	6.59	10.30	15.45
FC2	2.39	2.78	4.45	5.89	9.99	14.38
FC3	1.87	2.01	3.17	6.21	9.01	14.38
FC4	1.28	1.98	2.59	4.21	8.01	13.14
FC5	0.98	1.87	2.50	4.00	6.96	12.34

表2　矿渣水泥浆体的反应程度　　　　　　　　　　　　　　（%）

样品	3d	7d	14d	28d	60d	90d
SA1	22.29	27.14	40.19	43.85	47.82	48.02
SA2	24.07	28.27	42.33	46.13	49.46	51.93
SA3	27.98	30.15	43.96	46.98	52.10	55.18

样品	3d	7d	14d	28d	60d	90d
SA4	25.12	27.23	40.24	43.01	55.57	55.69
SA5	23.01	28.29	39.70	42.91	49.69	50.34
SB1	21.07	26.83	39.87	42.72	48.39	49.0
SB2	20.49	27.07	40.37	45.10	50.12	52.89
SB3	23.02	31.63	43.50	46.59	54.78	56.11
SB4	20.70	28.14	38.71	42.84	54.90	55.73
SB5	21.09	26.45	39.56	41.81	48.09	52.01
SC1	19.71	25.85	33.71	40.09	41.15	41.57
SC2	20.13	24.81	34.59	41.01	43.67	43.40
SC3	20.09	25.72	35.12	42.38	49.53	53.45
SC4	21.77	23.49	38.51	41.07	47.74	48.23
SC5	21.90	25.13	37.67	39.86	45.65	46.00

表 3　钢渣水泥浆体的反应程度　　　　　　（％）

样品	3d	7d	14d	28d	60d	90d
SSA1	5.31	7.42	14.89	20.78	21.56	23.79
SSA2	5.29	6.80	13.00	19.01	20.05	22.09
SSA3	4.83	5.85	13.69	18.70	19.99	21.48
SSA4	4.00	5.76	13.01	18.32	18.78	21.65
SSA5	3.58	4.23	12.22	17.79	18.04	19.89
SSB1	4.89	6.78	13.39	18.55	19.47	20.12
SSB2	4.23	6.19	13.02	17.43	18.34	20.54
SSB3	3.89	5.05	11.09	16.53	16.58	17.03
SSB4	3.00	5.13	11.08	16.01	16.43	16.78
SSB5	2.12	4.16	9.71	14.00	15.03	16.01
SSC1	3.72	5.29	11.43	15.94	17.21	18.26

样品	3d	7d	14d	28d	60d	90d
SSC2	3.01	5.12	10.00	15.03	16.03	16.98
SSC3	2.34	4.45	9.98	14.79	15.79	17.03
SSC4	1.89	3.98	7.21	13.02	15.03	15.04
SSC5	1.45	2.76	7.21	12.29	13.06	14.21

表4　复合水泥浆体中粉煤灰反应程度　　　　　　　　　　（%）

样品	3d	7d	14d	28d	60d	90d
F-S1	4.28	5.01	6.31	7.93	13.25	19.45
F-S2	3.97	4.34	5.23	7.08	12.03	18.88
F-S3	3.03	2.98	4.45	6.54	11.44	17.64
F-S4	1.95	2.76	4.03	6.01	13.20	15.89
F-SS1	3.02	3.96	5.89	7.42	11.01	18.43
F-SS2	3.45	3.78	4.77	6.01	10.98	17.21
F-SS3	2.23	2.97	4.12	5.99	10.33	16.10
F-SS4	0.96	1.44	3.98	5.42	10.20	15.89
SFS-1	3.35	4.12	5.98	7.21	12.90	17.01
SFS-2	3.37	4.35	5.74	7.48	12.94	18.94
SFS-3	3.80	4.54	6.20	7.73	13.15	19.78
SFS-4	3.01	4.32	5.12	7.32	11.89	17.98
SFS-5	3.43	4.54	5.20	7.25	12.00	18.67
SFS-6	2.96	3.19	4.49	6.37	11.23	16.98

表5　复合水泥浆体中矿渣的反应程度　　　　　　　　　　（%）

样品	3d	7d	14d	28d	60d	90d
F-S1	19.99	28.76	38.02	43.78	55.55	56.69
F-S2	23.23	32.00	39.87	47.05	54.90	55.87
F-S3	21.73	27.54	40.30	45.69	51.21	53.04

样品	3d	7d	14d	28d	60d	90d
F-S4	22.23	27.45	41.36	43.98	50.13	50.99
S-SS1	22.98	27.98	42.02	47.95	50.43	51.03
S-SS2	22.67	28.67	40.98	45.83	51.42	53.99
S-SS3	23.98	29.59	40.12	44.32	55.68	56.75
S-SS4	21.79	29.40	39.23	43.89	55.94	56.00
SFS-1	22.67	27.98	40.36	44.98	50.09	51.27
SFS-2	23.44	26.56	42.03	45.78	51.39	53.45
SFS-3	22.93	33.47	40.12	47.69	55.80	55.97
SFS-4	22.68	26.19	41.83	44.79	50.29	50.15
SFS-5	22.98	27.36	41.03	45.09	49.12	52.18
SFS-6	21.77	27.06	39.65	44.23	49.36	50.15

表 6　复合水泥浆体中钢渣的反应程度　　（%）

样品	3d	7d	14d	28d	60d	90d
S-SS1	3.87	6.03	12.45	17.29	17.98	18.77
S-SS2	4.23	5.99	12.96	18.05	18.64	18.89
S-SS3	4.91	7.38	14.03	18.90	19.43	21.22
S-SS4	5.07	8.08	13.97	19.99	20.11	21.49
F-SS1	3.01	4.97	10.98	16.49	16.70	16.95
F-SS2	3.43	5.19	11.43	16.20	16.88	17.43
F-SS3	4.59	6.02	12.98	16.96	17.24	19.21
F-SS4	5.01	6.58	12.97	17.55	18.69	19.93
SFS-1	4.01	5.65	11.38	16.38	17.01	18.96
SFS-2	4.77	6.95	13.30	17.82	18.87	20.35
SFS-3	5.00	7.79	13.18	19.01	19.79	20.92
SFS-4	4.56	6.74	13.45	17.13	18.69	20.19
SFS-5	5.48	7.43	13.35	18.98	19.95	21.23
SFS-6	5.02	7.19	13.01	18.24	20.11	20.43

附录 2　结合水含量测试结果

表 7　粉煤灰水泥浆体结合水含量　　　　　　　　　　（%）

样品	3d	7d	14d	28d	60d	90d
F0	13.15	14.99	16.42	17.31	17.97	18.00
FA1	10.23	12.64	15.01	16.80	17.05	17.23
FA2	9.49	11.23	14.27	16.02	16.37	16.59
FA3	8.98	10.76	13.65	15.47	15.94	16.05
FA4	8.01	10.00	12.93	14.79	15.23	15.40
FA5	7.43	9.34	12.01	14.22	14.78	14.89
FB1	10.09	12.01	14.48	16.23	16.74	16.90
FB2	9.49	10.98	14.01	15.79	16.08	16.24
FB3	8.73	10.44	13.15	14.84	15.06	15.49
FB4	8.00	10.05	12.47	14.01	14.42	14.60
FB5	7.52	9.12	12.12	13.53	14.06	14.47
FC1	9.21	10.75	13.37	15.55	16.04	16.43
FC2	8.89	10.28	12.94	15.01	15.58	15.91
FC3	8.43	10.44	12.57	14.14	14.63	15.02
FC4	7.87	9.78	11.92	13.48	13.62	13.79
FC5	7.19	8.96	11.27	12.43	13.16	13.37

表 8　矿渣水泥浆体的结合水含量　　　　　　　　　　（%）

样品	3d	7d	14d	28d	60d	90d
F0	13.15	14.99	16.42	17.31	17.97	18.00
SA1	11.37	13.01	16.83	17.99	18.03	18.21
SA2	11.42	12.78	16.47	17.69	17.92	18.05
SA3	10.94	11.59	16.05	17.43	17.62	17.99
SA4	10.54	11.99	15.83	17.01	17.63	17.68

续表 8

样品	3d	7d	14d	28d	60d	90d
SA5	10. 01	11. 08	15. 42	16. 87	17. 44	17. 69
SB1	10. 96	12. 07	15. 96	16. 90	17. 21	17. 22
SB2	10. 85	11. 73	15. 23	16. 45	16. 87	17. 00
SB3	10. 23	11. 69	14. 33	16. 56	16. 72	16. 74
SB4	9. 75	10. 72	13. 98	15. 81	16. 09	16. 12
SB5	9. 60	11. 03	13. 55	15. 36	15. 81	16. 00
SC1	9. 11	10. 43	14. 38	15. 49	16. 04	16. 28
SC2	9. 00	10. 15	14. 10	15. 33	15. 49	16. 61
SC3	8. 80	9. 79	13. 98	15. 01	15. 11	15. 39
SC4	8. 81	9. 60	13. 43	14. 69	14. 72	14. 94
SC5	8. 29	9. 24	13. 01	14. 44	14. 57	14. 60

表 9　钢渣水泥浆体的结合水含量　　　　　　　　　　（%）

样品	3d	7d	14d	28d	60d	90d
F0	13. 15	14. 99	16. 42	17. 31	17. 97	18. 00
SSA1	9. 83	11. 48	13. 69	17. 01	17. 23	17. 30
SSA2	9. 72	11. 63	13. 05	16. 84	17. 00	17. 21
SSA3	9. 73	11. 08	12. 88	16. 79	17. 01	17. 04
SSA4	9. 42	10. 68	12. 69	16. 23	16. 58	16. 71
SSA5	9. 37	10. 02	12. 45	16. 01	16. 12	16. 25
SSB1	9. 50	11. 01	13. 13	16. 84	16. 97	17. 12
SSB2	9. 21	10. 46	12. 58	16. 49	16. 63	16. 78
SSB3	9. 53	10. 35	12. 09	16. 50	16. 72	16. 80
SSB4	8. 62	10. 40	11. 95	15. 98	16. 09	16. 23
SSB5	8. 43	9. 78	11. 32	15. 59	15. 71	15. 98
SSC1	9. 02	10. 59	12. 06	16. 12	16. 14	16. 29
SSC2	8. 88	10. 33	11. 75	15. 84	16. 01	16. 20

样品	3d	7d	14d	28d	60d	90d
SSC3	8.54	9.87	11.48	15.40	15.55	15.78
SSC4	8.69	10.01	11.03	15.35	15.43	15.64
SSC5	8.35	9.45	10.92	14.66	14.90	15.06

表10　复合水泥浆体结合水含量　　　　　　　　　　（%）

样品	3d	7d	14d	28d	60d	90d
F0	13.15	14.49	16.42	17.31	17.97	18.00
F-S1	9.43	10.64	13.12	15.07	15.48	15.69
F-S2	9.12	10.78	12.96	14.79	15.00	15.12
F-S3	8.45	10.16	12.38	14.27	14.41	14.63
F-S4	8.07	10.23	11.94	13.98	14.09	14.30
S-SS1	8.57	10.12	11.99	15.43	15.60	15.78
S-SS2	8.79	10.45	12.16	15.78	15.93	16.00
S-SS3	9.13	10.37	12.78	15.49	15.55	15.69
S-SS4	9.47	10.98	13.01	15.60	15.70	15.83
F-SS1	8.29	9.65	11.59	15.00	15.33	15.55
F-SS2	8.31	9.43	11.08	14.72	14.95	15.00
F-SS3	7.87	9.12	11.49	14.08	14.31	14.53
F-SS4	7.68	9.20	11.45	13.67	13.98	14.09
SFS-1	8.33	9.58	11.79	14.92	15.07	15.23
SFS-2	9.00	9.98	12.03	14.94	15.09	15.25
SFS-3	9.25	10.32	12.17	15.60	15.73	15.99
SFS-4	8.39	9.74	11.63	15.03	15.47	15.62
SFS-5	9.19	10.59	13.08	15.18	15.64	16.00
SFS-6	8.56	9.98	12.47	14.26	14.40	14.65

附录 3　氢氧化钙含量测试结果

表 11　粉煤灰水泥浆体 Ca(OH)$_2$ 含量　　　　　　（%）

样品	3d	14d	28d	90d
水泥	21.32	22.43	24.17	24.68
FA5	13.41	16.82	15.85	13.22
FB5	12.02	16.39	17.21	14.68
FC5	13.19	17.04	18.49	15.23
FB1	17.35	21.67	22.54	23.09
FB2	16.94	21.01	21.95	21.63
FB3	16.05	19.48	19.72	18.10
FB4	14.93	17.46	18.38	16.03
FB5	12.02	16.39	17.21	14.68

表 12　矿渣水泥浆体的 Ca(OH)$_2$ 含量　　　　　　（%）

样品	3d	14d	28d	90d
水泥	21.32	22.43	24.17	24.68
SA5	9.04	12.21	14.60	16.32
SB5	10.39	13.08	14.67	17.20
SC5	10.44	14.08	15.15	17.23
SB1	16.95	18.11	19.03	22.43
SB2	15.02	17.03	17.96	20.45
SB3	13.34	15.39	16.99	19.05
SB4	11.12	14.31	16.96	18.10
SB5	10.39	13.08	14.67	17.20

表 13　钢渣水泥浆体的 Ca(OH)$_2$含量　　　　　　（%）

样品	3d	7d	28d	90d
水泥	21.32	22.43	24.17	24.68
SSA5	10.81	13.29	17.01	17.89
SSB5	11.23	15.35	16.83	17.30
SSC5	13.47	16.98	17.32	19.80
SSB1	17.87	19.26	20.93	22.56
SSB2	16.03	18.03	19.20	21.43
SSB3	14.26	16.81	17.01	18.99
SSB4	12.00	15.49	17.39	18.31
SSB5	11.23	15.35	16.83	17.30

表 14　复合水泥浆体 Ca(OH)$_2$含量　　　　　　（%）

样品	3d	14d	28d	90d
水泥	21.32	22.43	24.17	24.68
F-S1	10.21	13.35	14.89	16.10
F-S2	10.58	13.60	15.01	16.00
F-S3	11.04	15.41	16.34	15.98
F-S4	11.69	15.87	16.99	16.00
S-SS1	11.21	15.05	16.80	17.30
S-SS2	11.23	14.85	16.34	17.23
S-SS3	10.68	14.36	15.41	17.45
S-SS4	10.54	13.41	15.20	17.21
F-SS1	11.01	15.98	16.71	16.91
F-SS2	11.49	15.69	16.99	16.35
F-SS3	11.98	15.99	16.85	15.48
F-SS4	12.45	16.30	17.07	14.99

附录 4　水泥的抗折、抗压强度测试结果

表 15　单掺辅助性胶凝材料时水泥的抗压强度　　　　（MPa）

编号	3d	7d	28d	60d	90d
0	29.2	47.8	59.7	61.3	62.1
1	18.0	30.9	46.0	58.5	63.6
2	16.3	31.8	48.4	55.1	60.2
3	11.4	26.2	40.5	48.5	55.6
4	22.4	43.1	62.1	67.4	70.0
5	20.3	44.0	62.5	70.3	73.5
6	17.9	38.6	56.3	68.7	71.5
7	14.0	29.2	43.1	44.1	48.3
8	13.7	26.3	44.5	49.1	53.6
9	13.6	28.2	43.7	51.3	50.8
10	11.5	21.3	33.3	42.1	51.2
11	10.9	20.1	36.0	44.0	50.0
12	9.1	18.4	30.8	40.3	46.9
13	18.3	40.2	60.2	60.8	62.7
14	16.8	40.3	59.9	60.6	63.6
15	15.7	37.1	56.8	58.3	60.9
16	9.8	14.7	24.5	37.3	43.0
17	9.0	13.3	23.2	35.3	41.0
18	8.3	12.1	21.7	32.6	39.2

表 16　复掺辅助性胶凝材料时水泥的抗压强度　　　　（MPa）

编号	3d	7d	28d	60d	90d
A	13.8	31.3	50.3	58.6	60.0
B	9.7	18.5	34.6	46.6	51.7
C	11.7	24.9	43.3	50.5	56.2
D	14.0	29.8	51.8	62.6	63.0
E	13.4	32.6	54.9	56.0	57.1
F	13.1	30.3	52.8	59.0	59.8
G	8.0	16.4	30.3	36.7	42.5
H	11.3	24.3	42.7	49.1	55.4
I	8.8	23.1	39.3	48.3	50.9

冶金工业出版社部分图书推荐

书　名	作　者	定价(元)
物理化学（第4版）（本科国规教材）	王淑兰　主编	45.00
冶金与材料热力学（本科教材）	李文超　等编著	65.00
热工测量仪表（第2版）（本科教材）	张　华　等编著	46.00
耐火材料工艺学（本科教材）	武志红　主编	49.00
钢铁冶金用耐火材料（本科教材）	游杰刚　主编	28.00
耐火材料（第2版）（本科教材）	薛群虎　等主编	35.00
传热学（本科教材）	任世铮　编著	20.00
热工实验原理和技术（本科教材）	邢桂菊　等编	25.00
冶金原理（本科教材）	韩明荣　主编	40.00
传输原理（本科教材）	朱光俊　主编	42.00
物理化学（高职高专规划教材）	邓基芹　主编	28.00
物理化学实验（高职高专规划教材）	邓基芹　主编	19.00
无机化学（高职高专规划教材）	邓基芹　主编	33.00
无机化学实验（高职高专规划教材）	邓基芹　主编	18.00
无机材料工艺学	宋晓岚　等编著	69.00
耐火材料手册	李红霞　主编	188.00
镁质材料生产与应用	全　跃　主编	160.00
金属陶瓷的制备与应用	刘开琪　等编著	42.00
耐火纤维应用技术	张克铭　编著	30.00
化学热力学与耐火材料	陈肇友　编著	66.00
耐火材料厂工艺设计概论	薛群虎　等主编	35.00
刚玉耐火材料（第2版）	徐平坤　编著	59.00
特种耐火材料实用技术手册	胡宝玉　等编著	70.00
筑炉工程手册	谢朝晖　主编	168.00
非氧化物复合耐火材料	洪彦若　等著	36.00
滑板组成与显微结构	高振昕　等著	99.00
耐火材料新工艺技术	徐平坤　等编著	69.00
无机非金属实验技术	高里存　等编著	28.00
新型耐火材料	侯　谨　等编著	20.00
耐火材料显微结构	高振昕　等编著	88.00
复合不定形耐火材料	王诚训　等编著	21.00
耐火材料技术与应用	王诚训　等编著	20.00
钢铁工业用节能降耗耐火材料	李庭寿　等编著	15.00
工业窑炉用耐火材料手册	刘鳞瑞　等主编	118.00
短流程炼钢用耐火材料	胡世平　等编著	49.50
无机非金属材料学（本科教材）	杜景红　曹建春　编著	29.00